晋商家训
JINSHANG JIAXUN JINGBIAN
精编

◎ 为人
◎ 持家
◎ 处世
◎ 治学
◎ 经商

山西出版传媒集团
山西经济出版社

图书在版编目（CIP）数据

晋商家训：精编 / 柳永平编著． -- 太原：山西经济出版社，2017.6（2025.1重印）
ISBN 978-7-5577-0165-9

Ⅰ．①晋… Ⅱ．①柳… Ⅲ．①晋商—家庭道德 Ⅳ．①B823.1

中国版本图书馆CIP数据核字（2017）第082663号

晋商家训：精编

编　　著：柳永平
副 主 编：王文清　徐　静
责任编辑：司　元
摄　　影：田志忠

装帧设计：华胜文化
封底制印：杜平安

出 版 者：山西出版传媒集团·山西经济出版社
地　　址：太原市建设南路21号
邮　　编：030012
电　　话：0351-4922133（市场部）0351-4922085（总编室）

经 销 者：山西出版传媒集团·山西经济出版社
承　　印：山西人民印刷有限责任公司

开　　本：787mm×1092mm　1/16
印　　张：14.5
字　　数：200千字
版　　次：2017年6月第1版
印　　次：2025年1月第7次印刷
书　　号：ISBN 978-7-5577-0165-9
定　　价：33.00元

序

■ 张正明

家风是一个家庭或家族的传统风尚，体现着家庭或家族的价值观。家风是靠家教实现的，家训则是家教的重要内容。如何使中华民族源远流长的家庭美德通过家风代代相传，为形成良好的社会风气提供支撑，是历代政治家十分关注的问题。习近平同志在十八届中央纪委六次全会上强调："领导干部要把家风建设摆在重要位置，廉洁修身、廉洁齐家。"自古以来，山西人注重家风，是中国家风建设的先行者，通过多年研究发现，明清晋商能驰骋商海五百年，与家风、家教、家训有着密切的关系。

晋商家训中的每一句话、每一幅图、每一块匾，都言简意赅。家训中的这些要求，也都包含、融汇、渗透在晋商的堂号、字号、名字、族规、著述、家谱、楹联以及建筑中。那些家训，不仅内容寓意深刻，哲理性强，而且有着很高的艺术价值。

如灵石静升王家先祖早年从太原迁至灵石县沟营村（今沟峪滩村），始祖兄弟四人，分别叫王忠、王信、王诚、王实。老四王实,字诚斋,于元仁宗皇庆年间从沟营村迁入静升村,距今传承二十八世,现有后裔近万人分布于全国十几个省市。七百年来,王家人一直把一世祖们的名讳"忠""信""诚""实"作为做人和做事的理念。王家之所以能凭借商贾兴家靠的就是忠信为本,诚实创业。王家在北方经商,代代都信守契约,赢得了商家和百姓的认可、尊重,所以生意才能越做越大。"凡语必忠信,凡行必笃敬。饮食必慎节,字画必楷正……"这是清乾隆十八年(1753年)静升王氏十六世祖王廷璋创建王家大院五堡之一——"和义堡"时借用北宋贤士张思叔的《座右铭》立下的家训。从怎样说话、如何行事,到怎样衣着、如何走路;从为人心态、谋事动议,到品性养成、对待善恶等,家训都作了细致的要求。在王家大院"存厚堂"书院里有这样一桢由清代学者翁方纲所撰书的匾额:"规圆矩方,准平绳直;祥云甘雨,丽日和风。"说的是画圆描方,测平量直,得有工具;兆祥之云,适时之雨,须丽日和风。国法家训,是为人做事的准则,风和日丽,是国泰民安的条件。尤其有趣的是,书家在"矩"字上多加了一点,告诉我们,要多一点规矩,才能正品立身。王家人十分尊崇"程朱理学",把《程子四箴》和朱柏庐《先贤家训》全文雕刻在青石上,嵌于大门内东西墙壁,加上自己家的《王氏家训》,让王氏族人时时处处诵读温习,检点反省。晋商大院的主人,多有在外为官者,故院中具有廉洁含义的"三雕"作品比比皆是,其作用在于警示,也在于教化。以"莲"喻"廉",如"德馨轩"院中的"一品清廉"牙板,画面主体是一片莲叶,两面花叶依次排列,简略几笔波浪线条表示清净之水,未见任何附加衬托,整个画面给人以清新爽朗的感觉。一品为古代朝廷品级,画面以莲喻廉,表示崇尚廉洁风骨。莲者,廉也,周敦颐《爱莲说》云:"予独爱莲之出淤泥而不染,濯清涟而不妖,中通外直,不蔓不枝,香远益清,亭亭静植，可远观而不可亵玩焉。"爱莲之人，与其禀性行止、淑质操守无不关联。雕此牙板，寄托了晋商对后人的期望。还有王家"凝瑞居"院中的"鹭鹭清廉"，一丛青莲之中，有两只白鹭，曰"鹭鹭清廉"。此"鹭鹭清廉"刻于出入大门之一侧，旨在教化家人无论居家还是在外、无论从事何种职业都需秉持廉洁品性。王家这么多年发展下来，至今仍有如此气象，家规家训是王家人久盛不衰的法宝。

再如，常家祖先非常崇尚儒家的"中和"之道，教育子孙立身处世都要"以和为贵"。为了让子孙铭记在心、外化在行，他们在给子孙后代居住的院落厅堂起名时，大多带一个"和"字，如：世和堂、致和堂、中和堂、五和堂、清和堂、崇和堂、体和堂、锦和堂、贵和堂、元和堂、谦和堂、雍和堂等。可见，"以和为贵""和气生财""家和万事兴"，成了常家处理人际关系的行为准则，由此形成了常家人与族人和气、待佣仆和善、与邻里和睦、交商贾和谐的特有家风。常家子子孙孙就是秉承这样的祖训、家风，再加上他们的聪明和智慧，使得整个家族人丁兴旺、英才辈出、商业发达、富甲天下。

综上所述，以点代面可以看出，晋商家训其主要内容表现在以下几个方面：

一、教导子弟从小立志从商。商人的基本功是在经过全面磨炼的学徒时期练成的。第一，"要守规矩，受拘束。"不以规矩，不能成方圆；不受拘束，则不能收敛深藏。譬如美玉，必须琢磨成器，况顽石乎？"商贾中的大器是在实践中雕琢成的。第二，从小事学起，做好眼前杂事。"清晨起来，即扫地抹桌。添砚水，润笔头，捧水与人洗脸，取盏冲茶，俱系初学之事。"第三，目睫耳听，牢记在心。"听人说甚的话，彼此买卖交易，回答对敌，贯串流通，必须所而记之。"要学"官话"（指北京话），说话要响亮，不要沾滞，但不可嘴快，随便插话，多言好辩。第四，耐心受教，莫嫌掌柜、师傅啰唆。他们"教你成人，骂也受着，打也受着。"不可将吩咐的话，只当耳边过风。第五，柜内站立不坐。"盖店内俱系比你长的人，不是东家，就是伙计，都为你师，你焉敢坐也。"第六，做到四有："有耳性，则听大人教训；有记才，则学过的事，就不肯忘；有血色，则自己就顾廉耻了；有和颜，则有活泼之趣。"第七，学好技艺。饭后学写字，晚上学算盘。生意之家，忌的是白日打空算盘，要在晚上"请教人指点算法"。要学戥秤称物，秤杆不可恍惚，称准方可报数。还要学会看银子成色，分辨清银子真假。第八，大胆学做生意。学徒学了一年两载，对生意业务有点基础，"就要硬着头，恋在柜上，勉力做生意，不可退后。"如退缩不前，终是胆小，何时会做？须知"一回生，二回熟，经一遭，长一志，凡百事，都是学而知之"。上柜"必须挺身站立，礼貌端庄，言谈响亮，眼观上下，察人诚伪，辨其贤愚""手内做着生意，还要耳内听人说话，嘴里说着话，还要眼睛看事。"总之，做生意要"八面威风"。到这时，就可以独立经营了。

二、教育子弟遵行经商道德。晋商家训的精华是德训，就是"先教他做人"，即先教子弟存心良善，以德经商，诚信经商。明清时期，许多晋商从实践中认识到，经商和道义是可以统一的，他们正是本着"财自道生，利缘义取，以义制利"的精神来做买卖并用以教育子弟的。具体来说：教子经商时以义制利，教诫子弟诚信不欺公平交易，教诫子弟买卖公平货真量足，教训子孙辛勤经营，教诫子孙俭朴节约，教诫子孙谦恭逊让和气生财，教诫子弟做守法良贾，教导子孙力戒嫖赌烟酒。

三、教育子孙以商、儒、官三位一体为理想抱负与人生价值追求。这是中国古代商贾家训的最高目标。明中叶以后，商业空前繁荣，社会风气大变。有些地方,商贾的地位高于士大夫阶层。经商致富还可凭借金钱的力量进入社会上层。这使屡试不第或贫寒的儒生纷纷改变热衷科举仕途和耻于言利的思维模式而加入商人队伍,走上儒商结合的道路。据《大明席铭墓志铭》记载,晋商席铭"幼时学举子业不成,又不喜农耕,曰:'丈夫苟不能立功名于世,抑岂为汗粒之隅,不能树基业于家哉!'于是……贸迁居积,起家巨万金。"在他们看来,士商异业而同道,无彼尊此卑之分。

晋商家训,一方面,包含了丰富的内容和殷切的期望,需要我们深入探讨、研究,更精确地来表述,尤其需要我们用心去体味、去践行;另一方面,无论是家训的内容,还是其形式,或其良苦用心或殷切期望,都给我们今天的道德教育以很多的启示:

第一,家训要求切合实际,简单易行。晋商家训就是对日常生活中的衣食住行、言谈举止、举手投足等这些最日常的、似乎微不足道的行为提出要求进行规范和约束,要求家族成员做一个端端正正的人。可见,家训不仅抓住了"以人为本"这一根本准则,而且把那些规范的、理性的道德行为准则日常化、感性化,把塑造人的内心与外形、品德和行为有机地结合起来,这是我们应当学习和借鉴的。

第二,道德教育必须要从日常的小事做起。其实,晋商的家训就是把社会的道德要求融于日常生活中,使之更加具体化、家常化。而且,其中的很多要求不仅与当时社会要求一致,也和我国现在的《公民道德建设实施纲要》中对公民的要求一致,只不过,我们今天大多忽视了在家庭中持续的、有效的、从很多微不足道的日常行为进行教育与规范,致使现在一些人或者根本不懂辈分礼数,不受任何约束;或者在外面可能还比较有甚至是很有礼貌、很文明,但一回到家就原形毕露,坐没有坐相、站没有站相、吃没有吃相,蛮横霸道不讲理、脏话暴力悖伦理等。大人孩子都有这种现象，品性具有了两面性和虚伪性，而且大家都习以为常、见多不怪，因此也更可怕。可见，家庭中的伦理规范与道德教育非常重要。

第三，道德教育需要家庭、学校、社会相互配合，保持一致性。如果相互脱节、相互对立，就会使社会成员养成在家一套、在学校一套，到了社会上又是一套的不良行为习惯和虚伪的品性，必将败坏社会风尚。如面对社会上的一些歪风邪气与单位的腐败现象，很多人走出家门、校门后，往往是由不适应到无奈，再到不得不随波逐流，结果使家庭、学校的教育前功尽弃。因此，社会各行各业、各部门，尤其党政部门要加强教育，做好表率非常重要。因此也说明"常德必固持"的艰难。

第四，一切教育重在行，重在时时处处躬身践行。道德行为是道德品质的外在表现，道德品质是道德行为的内在心理素质和根据，二者相互制约、相互促进、不可分割。通过在日常生活中培养稳定、良好的行为习惯，以达到养成良好的习性与品性。

第五，道德教育和个体自觉的道德修养也要相互结合、相互促进，形成"见善如己出""见恶如己病""见贤思齐，见不贤内自省"，固持"常德"的社会氛围。

晋商的辉煌早已经成为过去，晋商祖辈、先辈及其中精英也多已作古。但晋商的宅院犹存，后人不乏英才，其家族文化遗产仍然丰富深厚，非常值得我们去挖掘、探讨、研究、借鉴，譬如其家训。试想，倘若我们家家都能从小家做起，人人都能从自我做起，学校、社会与之配合的话，必将更有利于家庭的兴旺，有利于社会的和谐，有利于整个国家和民族的复兴。

"家是最小国，国是千万家。"家庭是国家发展、民族进步、社会和谐的基点。注重家风是中华民族的优良传统,良好的家风是整个社会风清气正的基础。我们深为晋商祖先留给我们的精神财富感到骄傲,晋商家训是我们做人做事的基本遵循。

山西晋商书画院编辑了这本《晋商家训》,内容分为:为人、持家、处世、治学、经商共五大部分,内容很好,对我们当前家风建设很有借鉴和指导作用。看了书稿,有些感想,写下上段文字,就算序吧。

张正明

著名晋商研究专家,山西省社会科学院晋商文化研究中心名誉主任,山西省政协原副主席。

目录 MU LU

晋商家训：精编

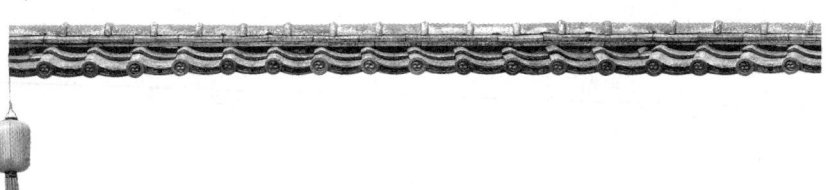

引言
》》》》001
家训，是中国传统文化的重要组成部分，它在中国历史上对个人的修身、齐家发挥着重要的作用。晋商家训，则是家风文化、晋商文化的重要组成部分。

为 人
》》》》005
历代晋商不甘平庸，含垢忍辱，养精蓄锐，白手起家，终成富甲一方的巨商富贾。他们凭借的，不仅仅是天时、地利，更重要的，是他们非同一般的为人理念。

持 家
》》》》069
依靠勤劳而进取，厉行节俭而聚财，是晋商成功的一大法宝。正是凭借这一法宝，才奠定了自身在商业社会中的崇高地位，让世人对山西人有了重新的认识。

处 事
》》》》109
晋商的处世，有好共事、厚而精、宽胸襟、能办事、善结缘、高心气、靠得住等，其中，靠得住，是晋商处世的金字招牌。靠得住是一种素质，也是一种智慧。

目录
晋商家训：精编
MU LU

治 学
>>>>>> 133
晋商的治学与家族的发展有密切的关系，身体力行、严格育子、以儒治商、以学兴商是晋商的治学之道。

经 商
>>>>>> 169
晋商以其勤劳、智慧传承富裕文明，足迹遍华夏，声名振欧亚，影响之大，在中国、在亚洲甚至于世界商业史上都有一定的位置。

后 记
>>>>>> 217

引言
YINYAN

　　在传统的中国社会中，家庭无疑是最重要、最富有活力的细胞，无论是个人的道德修养，还是家族的荣辱兴衰；无论是事业的取舍抉择，还是社会的价值风尚，都以家风的影响最为深远。而千差万别的家风则源于各个不同家庭的"行为规范"——家训。家训，是中国传统文化的重要组成部分，也是家谱中重要的组成部分，它在中国历史上对个人的修身、齐家发挥着重要的作用。晋商家训，则是家风文化、晋商文化的重要组成部分。

　　明清时期，晋商显赫一时，汇通天下，称雄商界五百年，纵横欧亚九千里，留下了至今仍被人们关注和研究的商业传奇。考察晋商数百年的发展图景，晋商之所以成功乃是将中国优秀的传统文化融入商业经营、为人处世、治家育人中，在实践活动中逐渐形成了一套自成体系的商业文化和经营理念。这些商业文化、经营理念和家风建设，支撑着山西商业取得了举世瞩目的辉煌业绩，并对后世产生了极为深远的影响。

晋商在经营商业的过程中逐渐意识到文化、知识、智慧的重要性，并因此而自办学堂发展教育，以学保商。但晋商更注重培养家族成员的优良品行，并编制家训以规范约束。其家训对我们今天的道德教育颇有启示。晋商优良的家风、家训其终极目的就是达到"家和"，达到"万事兴"，达到家族的世代繁盛。因此，晋商家训的关键往往是在家庭中强调尊老抚幼，成员间互为体谅，坦诚相处，包容信任，而禁忌猜疑、抱怨甚至指责。就绝大部分的晋商家庭而言，各自的家训侧重点都是针对下一代，对他们提出了严格要求，希望他们能尊奉之，践行之，并传承下去。在晋商大族中，有些家族兴盛时间较长，后人也多出英才，而有些家族则衰败得很快，这其中有一个重要的原因就是前者重视家规家风，后者则是家风差，败家子弟居多。

三晋富商老宅院时至今日，历尽数百年之久，韶光流逝，几度春秋，风风雨雨留给后人的不仅是一部堂皇的中国民居建筑史，其镌刻在石碑、门窗的家训箴言、门对楹联更是老一辈商贾大鳄辉煌岁月中经营商务、为人处世、教子育人智慧的浓缩。读来让人流连忘返，受益匪浅。每一句家训中的话都言简意赅，贯穿了儒家的思想与要求，具有浓厚的中国传统文化色彩，有此约束和教诲，晋商人财两旺，兴旺发达。晋商家训中的这些要求,也都包含、融会、渗透在晋商的堂号、族规、家谱、店规、建筑与大大小小的楹联中。这些家训,不仅内容寓意深刻,哲理性很强,而且有很高的艺术价值。这些家训,不仅代表着晋商律己育人、经商管理、持家治学的思想,更重要的是它代表着我们民族的思想精华,一个伟大的民族应该有很多伟大的思想成就,家训就是其中的一方面,它精炼地概括了我们这个民族最核心的理念。

  历史是无法割断的,晋商家训这一文化至今仍然在现实生活中发挥着重要作用。一位哲学家曾经说过,哲学就是怀着乡愁的冲动去寻找失落的家园。今天,越来越多的有识之士也开始意识到,对晋商家风文化源头的追寻迫在眉睫,鉴于此,我们编著出版《晋商家训:精编》,既有历史意义,又有现实意义。家训,恰是先辈留与后人的为人处世宝典。再现晋商家训经典,需要厚重有据的文化疏解及其呈现出的整体文化通观,并且使之融入时代精神,在现代社会中焕发新生。本书融通五百多年的正野文史,梳理出晋商家国文化演进的脉络线索;缕析古今晋商大家小户家训,揭示先贤高超的人生艺术和智慧;进而穿透时代背景的差异,择取今时今日适合国人"修身齐家、治国平天下"的不变真理。此外,从实用性角度对国学的深度挖掘,也使本书的解读获得了故事性短片般的生动质感和鲜活意趣,极具代入感和启发性。

本书集史料性、知识性、文学性、可读性、收藏性于一体，以翔实的史料、丰富的题材、新颖的编排，全景式地再现了晋商家风、家教、家训的精深内涵。其内容涵盖为人、处世、持家、治学、经商等方方面面，既是中华传统文化一脉相传，又赋予了都市脉搏的时代色彩。晋商家训，堪称现代中国人生活、生存的思想圣经。

走进晋商家训，就是走进时间的深处。宏大精深的晋商家风文化曾经是，也将永远是晋商文化赓续绵延的基石，也是全国亿万家庭家风建设的力量。因而，编著这本书，既是时代的呼唤，也是时势的需要。

为人

　　历代晋商不甘平庸，含垢忍辱、养精蓄锐，白手起家，终成富甲一方的巨商富贾。他们凭借的，不仅仅是天时、地利，更重要的，是他们非同一般的为人理念。人生一世，无外乎两件事：一件是做人，一件是做事。为人就是做人。怎样做人？做一个什么样的人？这是晋商的一门艺术，更是一门学问。晋商的做人哲学与做人风格基本上可以用中庸、和谐与低调来概括，其中，中庸与低调是他们自身做人的基本方法，和谐是他们所看重的人与人之间应有的关系。晋商要求自己及子弟，做人就要做个有志向的人，做个善良的人，做个有教养的人，做个乐观的人，做个宽容的人，做个实在的人，做个智慧的人，做个正直的人，做个谨慎的人。

吴旭红 制印

处事近厚纤毫必偿为信,
存心诚实时刻不易乃忠。

◎ 释义

处理事情,要尽量接近宽厚,就连最细微的小事也必须诚信不欺瞒;居心要诚实,时时刻刻不会改变,这才是真正的忠诚。

语出榆次常家庄园养和堂石半亭联。

常家庄园始建于明朝末年。常氏繁衍到第五六代时,正值明末清初,晋中商人崛起。清康熙年间开始,随着人口的不断增多,常氏各户又陆续

常家庄园

修建了一些房屋。康熙二十年（1681年）左右，八世常威北上张家口，经营绸布生意，渐次发达，由行商到坐商，开设了"常布铺"，为常家商业的发展奠定了基础。随后，常威的长子常万玘、次子常万旺、三子常万达相继随同前往。除常万旺不善经商，留居落户张家口菜园村务农外，常万玘、常万达均继承父业。到乾隆朝及其后，两兄弟的产业得到长足发展，跻身于巨商大贾行列，在故乡榆次车辋村开始了大规模的宅院建设，首先建成"世德堂"老院。乾隆三十三年（1768年），常万玘、常万达分家析产，常家庄园开始大规模建设。常万玘留在村南祖居"世德堂"老院，称为"南常"。常万达在村北重新购地，填平废渠，建起了"世荣堂"，称为"北常"。从此，逐步形成"南常"和"北常"两大宅院建筑群。

遵温公家范君戴俗训，
从文正操行朱子格言。

◎ 释义

温公：指司马光，司马光谥文正。君戴：指吕渭，河东（今永济）人，唐代进士，生子四人皆德才兼备，父子以文学著称，为世人景仰，其孙吕岩传说为道教八仙之一的吕洞宾。朱子：指朱柏庐，著有《朱

常家明清街客房院对面松鹤图联

子家训》。要遵循温公、君戴、文正、朱子等先贤的教诲,并以他们为做人的楷模,才是修身齐家应取的正道。

语出常家明清街客房院照壁松鹤图联。

拥林万亩眼底沧浪,
方悟种德如种树;
存书万卷笔下瀚海,
才知作文即做人。

常家八卦影壁外侧对联

◎ 释义

教育子弟要努力读书,严谨治学,堂堂正正做人。

语出榆次常家八卦影壁外侧对联。

汉有赋,唐有诗,
宋词元曲皆学问;
善为田,德为粮,
淳播厚获乃家传。

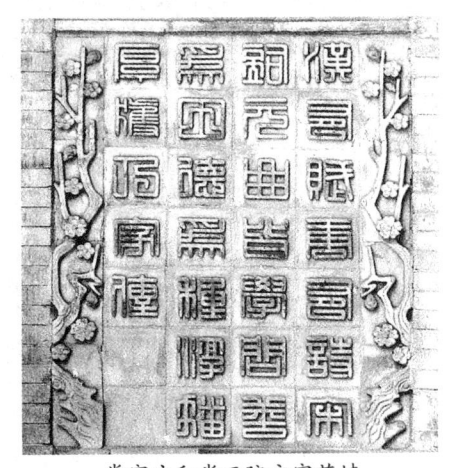

常家广和堂正院文字花墙

◎ 释义

汉赋、唐诗、宋词、元曲，都蕴含了高深的学问。做人犹如种田，只有把善良当作田地，用淳朴与宽容辛勤耕耘，才可以收获到优良的道德与高尚品质，这是世代都应该遵循的家族传统。

语出榆次常家广和堂正院文字花墙。

**知春秋大义，
为学子本色。**

◎ 释义

"春秋大义"指在儒家思想规范下，个人在社会价值观念、道德取向和社会礼仪等方面应该遵循的一套行为准则。儒家学子要从小学习和领会"春秋大义"，并把它作为自觉遵循的人生准则，这才是做人的根本。

常家贵和堂正院花墙

语出榆次常家贵和堂正院花墙。

**勤生品俭修德静修身，四时足用；
严律己恕及人动建体，一世可行。**

常家大夫第前院游廊

◎ 释义

教育人要严于律己，勤修品德。

语出榆次常家大夫第前院游廊。告诫子弟要修身养性，做人立品。

敏事慎言耻躬行之不远，
省身克己欲寡过而未能。

◎ 释义

勤勉处世，谨慎言谈，以身体力行不够为耻。要反省自己，克制自己，希望少犯错误却没能做到。

常家雍和堂大门内联

语出榆次常家雍和堂大门内联。

德滋福禄，积善之家有余庆；
道涵寿禧，资富能训唯永年。

◎ 释义

以品德滋润福禄、行善积德的家庭才能年年有余、岁岁吉庆；以道义涵养寿禧，富足兼有修养的家族方可昌盛隽永、绵延不断。

语出榆次常家养和堂前院照壁。

榆次常家养和堂前院照壁

承先一脉真传维忠维孝，
启后两条正路曰读曰耕。

◎ 释义

以忠孝传家，以耕读为正路。

语出榆次常家贵和堂正院穿堂门内影壁。

常家贵和堂正院穿堂门内影壁

能知勤俭享人生千万福，
能读书荣贤科名成大儒，
能孝亲尔子穷欢照样行，
能教子后代兴隆全在此，
能足受阖家欢乐无嗟怨，
能谦和遍地人饱暖事多，
能节欲延年却病精神足，
能安分得失承通都不问，
能忍耐做个懦夫无祸害，
能谨言是非争讼不牵连。

语出榆次常家贵和堂新院敦仁影壁护墙。

常家贵和堂新院敦仁影壁护墙

芝兰生于深林，不以无人而不芳；
君子修其明德，不为有欲而改节。

◎ 释义

芝兰即使生长在人迹罕至的老林深山，依然会芬芳飘逸；仁人君子具备了高尚的德行和涵养后，不会因为其他的欲念而改变其节操。

语出榆次常家慎和堂正院文字花墙。

常家慎和堂正院文字花墙

常家慎和堂正院花墙

律己以温公家训，
只在忠恕二字；
持家以朱子格言，
总是孝悌之归。

◎ 释义

温公，指司马光，卒后谥太师温国公，著有《资治通鉴》《温公家范》。朱子，指朱柏庐，著有《治家格言》。用温公、朱子等先贤教诲来规范自身的行为；用忠恕孝悌等儒家理念持家和教育后代，才是做人的根本。

语出榆次常家慎和堂正院花墙。

人而无恒，兼管并惊，
终身定无所成；
首尾不懈，精专神注，
尽世必有其获。

◎ 释义

做人缺乏明确的方向和目标，

常家人和堂正院文字花墙

做事情不能持之以恒而朝三暮四，对什么事情都产生兴趣，不进行深入的探讨，这样的人一生都不会有什么大的成就；凡是做事能有始有终、全神贯注，并且能坚持不懈的人，最后必然会有所收获。

语出榆次常家人和堂花墙。

常家人和堂正院花墙

慎独其严是不欺，
诚意为力行之源；
穷究其理以存心，
格物乃知至之本。

◎ 释义

君子说话或做事，应该谨慎认真、兼听则明，切忌独断专行，既不欺骗别人也不骗自己；研究学问，应以探究事物的道理纠正人的行为为根本，穷究其理、获得真知，并把它铭记于心，这才符合君子所为。

语出榆次常家人和堂正院花墙。

居则致其敬，
养则致其乐。

常家养和堂正院

◎ 释义

"居则致其敬"出自曾参《孝经·纪孝行章》:"子曰:'孝子之事亲也,居则致其敬,养则致其乐,病则致其忧,丧则致其哀,祭则致其严。五者备矣,然后能事亲。'"孝子侍奉父母,居家度日要尊敬父母;赡养父母要使他们快乐,父母有病要感到忧愁,千方百计为他们治疗;父母去世要感到哀痛,祭祀要办得严谨庄重。这五者都具备了,才算是真孝子。

语出常家养和堂正院。

敦固可光前,深藏能裕后。

◎ 释义

"敦固",出自《荀子·成相》:"君子诚之好以待,处之敦固,有深藏之能远思。""光前""裕后",出自南朝陈朝徐陵《欧阳頠德政碑》:"方其盛也,绰有光前。"《尚书·仲虺之诰》:"垂裕后昆。"宋代王应麟《三字经》:"扬名声,显父母,光于前,裕于后。"修养具备了敦厚坚贞的品质,才能把前人创造的事业发扬光大;有真才实学的人,遇事并不张扬,说话办事才能做到

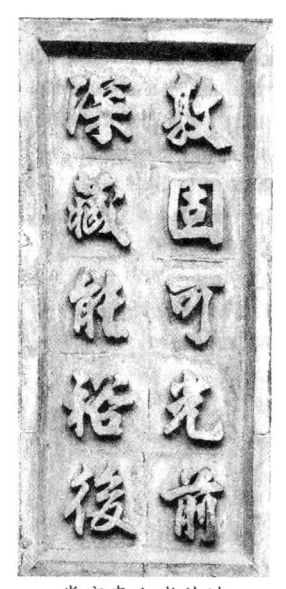

常家贵和堂花墙

深藏不露，才能成就事业，造福后代。

语出榆次常家贵和堂花墙。

桂馨凝瑞气，
履祥行笃敦。

常家贵和堂正院花墙

◎ 释义

桂，指桂花，吉祥花卉。履，动名词，鞋子或行走、执行之意，这里指行走。笃，敦厚、朴实、专一。敦，厚道、诚朴、宽厚、笃实。此训大意为：当丹桂、金桂等吉祥花卉盛开之时，处处都散发着芬芳馥郁的祥瑞之气。为人做事如果都持有质朴、专一、诚恳和宽厚的态度，人生的道路就能够行走得平稳安祥。

语出榆次常家贵和堂正院花墙。

仁义贤孝，
诚信公平。

◎ 释义

做人与做事都要仁善、义气、贤能、孝顺、诚信、公平。

语出灵石王家家训。
王家大院是由静升王氏家族经明清两朝、历300余年修建而成的，

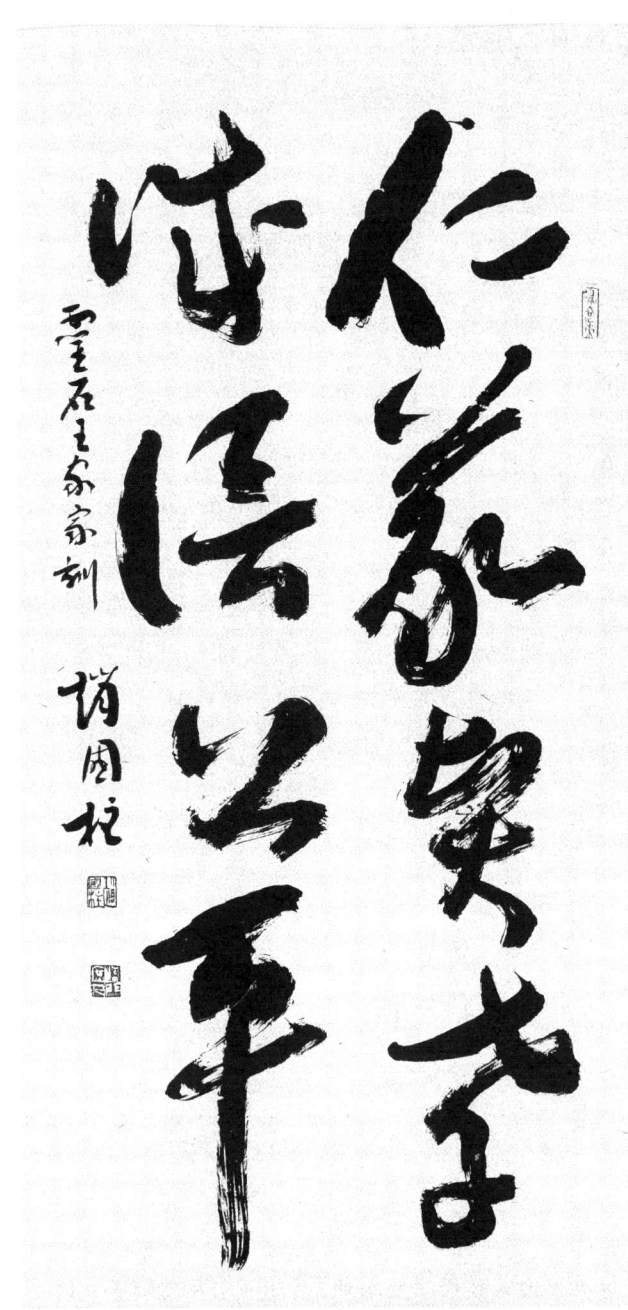

◀ 仁义贤孝 诚信公平 赵国柱 作

天地生人 人生在世语 原旭东 作

视有若无

满而不溢

吴旭红 制印

王家大院

包括五巷六堡一条街，总面积达 25 万平方米。它是一座具有汉族文化特色的建筑艺术博物馆。王家大院的建筑格局，继承了中国西周时形成的前堂后寝的庭院风格，既提供了对外交往的足够空间，又满足了内在私密氛围的要求，做到了尊卑贵贱有等，上下长幼有序，内外男女有别，且起居功能一应俱全，充分体现了官宦门第的威严和宗法礼制的规整。高家崖建筑群大小院落 35 座，房屋 342 间，主院敦厚宅和凝瑞居皆为三进四合院，每院除有高高在上的祭祖堂和两旁的绣楼外，又都有各自的厨院、家塾院，并有共用的书院、花院、长工院、围院。周边堡墙紧围，四门择地而设。大小院落上下左右相通的门多达 65 道，既珠联璧合，又独立成章。

**视有若无，
满而不溢。**

寶珠玉不如寶善友
富貴莫若友仁

晉商之家語
丙申高廷峰書

宝珠玉不如宝善 友富贵莫若友仁 高廷峰 作

◎ 释义

告诫子孙勤修品德,不要骄傲自满。

语出常氏常万达。

宝珠玉不如宝善,
友富贵莫若友仁。

◎ 释义

把金珠碧玉当财宝,不如把仁善当成财宝;和财富权贵交朋友,不如把仁爱当作朋友。

语出灵石王家大院楹联。

以天地之心存心乐民之乐,
汲山河之气养气忧民之忧。

◎ 释义

用天地之大心存于心中,以百姓的快乐为自己的快乐;汲取山河之气养自己之大气,以百姓的忧愁为自己的忧愁。

语出灵石王家视履堡东门广场南厅联。

敬其所尊爱其所亲人间自有其道 贫而不移富而不淫世上疑无不能 张四平作

敬其所尊爱其所亲,人间自有其道;
贫而不移富而不淫,世上疑无不能。

◎ 释义

敬重所尊重的人,爱戴所亲近的人,这是人间的伦理道德;不因贫困而改变节操,不因富贵而淫乱心志,这样就没有做不到的事情。

语出灵石王家清芬院大门联。

唐有赋汉有颂宋有策晋有经,麟麟炳炳家声旧;
善为田德为种宽为播厚为获,继继绳绳世泽新。

◎ 释义

唐代的赋,汉代的颂章,宋代的策问,晋代的经书,家里因有这些藏书而光明显赫,声望依旧;把积善作为田地,道德作为种子才能播下宽容,收获敦厚,世代传继,家声永远兴旺。

语出灵石王家静思斋大门联。

王家静思斋大门联

▶ 立德仁义礼智信 处世天地君亲师 刘丽萍 作

仁人君子全不屑城狐社鼠多畏避，
丽水秀山最恩怀海晏河清盼常逢。

◎ 释义

仁人君子要全然不屑那些仗势胡作非为的小人行径，置身于青山秀水间要珍惜太平盛世的好日子。

语出灵石王家德馨轩正窑廊联。

立德仁义礼智信，
处世天地君亲师。

◎ 释义

建立道德一定要以仁、义、礼、智、信五常为行为准则；处理事情一定要维护天、地、君、亲、师五常的崇敬地位。

语出灵石王家缥缃居西便门联。

耕读渔樵不要人夸好颜色，
孝悌忠信只留清风满乾坤。

◎ 释义

耕种、读书、渔猎、砍柴这些事情不需要别人称赞；要把孝敬父母、尊敬兄长、忠诚信义作为做人的准则。

语出灵石王家树德院正厅联。

经世留清飙泰岱气度，
治家戒侈耗梅竹情操。

◎ 释义

人生一定要留清白风范，有泰岳一般的气度；治理家业戒奢侈浪费，要有梅竹一般的情操。

语出祁县王家树德院正窑联。

谈心直欲梅为友，
容膝还当竹与居。

◎ 释义

推心置腹地畅谈心事，愿意与高洁如梅花一般的人为友；交友还应当和虚怀若谷的人相处。

语出灵石王家司马院月亮门外联。

能知足者天不能贫，
能忍辱者天不能祸。

◎ 释义

经常感到满足的人，上天不能使其沦落贫穷；能忍辱负重的人，老天爷也不会降灾祸给他。

语出宋代林逋《省心录》。祁县乔家以其作为家族庭训。

乔家大院又名在中堂，位于山西省祁县乔家堡村，始建于1756年，整个院落呈双"喜"字形，分为6个大院，内套20个小院，313间房屋，建筑面积4175平方米，三面临街，四周是高达10余米的全封闭青砖墙，大门为城门洞式，是一座具有北方汉族传统民居建筑风格的古宅。乔家大院是一座雄伟壮观的建筑群体，设计之精巧，工艺之精细，体现了中国清代民居建筑的独特风格，具有相当高的观赏、科研和历史价值，是一座近世民间罕有的艺术宝库，被称为"北方民居建筑的一颗明珠"，素有"皇家

乔家大院

护体面 重廉耻 燕立民 书

有故宫，民宅看乔家"之说，名扬三晋，誉满海内外。

> 重资财，
> 薄父母，
> 不成人子。

◎ 释义

重视资产钱财，却薄待父母的人不能算是孝子。

语出明朝朱柏庐《治家格言》，祁县乔家以其为准则。

> 护体面不如重廉耻，
> 求医药不如养性情。

◎ 释义

维护表面的风光，不如重视廉洁羞耻；与其费神地求医拜佛，不如颐养性情。

语出《格言联璧》，祁县乔家以其为庭训，告诫子孙重廉耻，养性情。

> 善欲人见，不是真善；
> 恶恐人知，便是大恶。

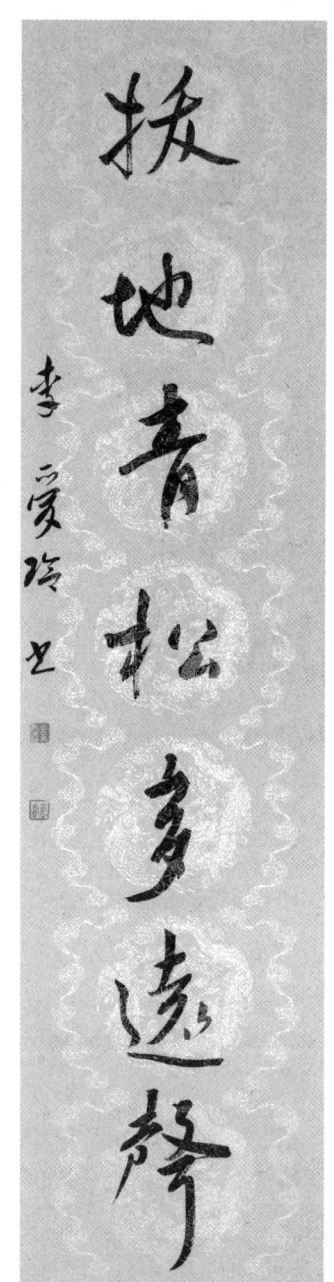

◀ 摩霄黄鹤有奇翼 拔地青松多远声 李爱玲 作

◎ 释义

做善事想要人人看见,不是真的行善;做坏事害怕人们知道,就是真恶。

语出明朝朱柏庐《治家格言》,祁县乔家乔致庸以其为准则。他亲手书写并让人刻好,挂于内宅门上,用于告诫儿孙。

> 摩霄黄鹤有奇翼,
> 拔地青松多远声。

◎ 释义

能高飞到云霄的黄鹤,必定有奇特的翅膀;拔地而起的高耸松林,其松涛之声会传得很远。

语出平遥雷家中厅联。雷家先祖雷履泰是中国票号业的创始人,平遥日升昌票号的首任票号经理。

雷履泰(1770—1849年),平遥县龙跃村(原细窑村)人。中国金融业泰斗,山西票号创始人,对中国金融业发展贡献颇大。于清道光三年(1823年),创立了第一家票号——日升昌,并担任总经理职务,为日升昌的发展倾注了毕生的精力。

> 求名求利莫求人,须求己;
> 惜衣惜食非惜财,缘惜福。

◎ 释义

追求名与利不要随便求别人,需要自己努力;珍惜衣服和食物不只是珍惜财物,而是珍惜自己的福缘。

语出祁县乔家乔致庸。

乔致庸(1818—1907年),字仲登,号晓池,祁县乔家第三代人,第四位当家人,著名晋商,人称"亮财主"。他出身商贾世家,自幼父母双亡,由兄长抚育。本欲走入仕途,刚考中秀才,兄长故去,只得弃文从商。他于同治初年耗费重金扩建祖宅,修建了著名的乔家大院。

唯无私才能大公,
唯大公才可无怨。

◎ 释义

只有没有私欲,才可以办事公正;唯有办事公正,才可能让人没有抱怨。

语出祁县乔家乔致庸。

为人做事,
怪人休深,
望人休过,
待人要丰,
自奉要约。

◎ 释义

为人处世,苛责他人不能太过;不能太多要求别人,对待他人要宽容大方,对待自己则须勤俭约束。

语出祁县乔家乔致庸。

矢公矢正,追管晏治政之遗范。
志持志筹,超端陶经济之风流。

◎ 释义

从事政治,就要追求管仲与晏婴治理国家的遗风典范;经商就要立志,超过子贡与陶朱公经商致富的风度标准。

语出平遥雷家晋元楼联。

管仲,名夷吾,字仲,春秋时期法家代表人物。颍上(今安徽省阜阳市颍上县)人。他是中国古代著名的哲学家、政治家、军事家。被誉为"法家先驱""华夏第一相"。著有《管子》一书。

晏子,字仲谥平,原名晏婴。春秋时齐国夷维(山东高密)人,他是政治家、思想家、外交家。以有政治远见和外交才能、作风朴素闻名诸侯。传世有《晏子春秋》一书。

世上诸般皆好,惟有赌博不该。
扔骰押宝耍纸牌,最易将人闹坏。

大小生意买卖，何事不可发财？
败家皆由赌钱来，奉劝回头宜快。

语出咸丰年间，雷履泰为劝人戒赌所作。

门无驷马三生静，
心有云山万事清。

◎ 释义

门前没有车马的喧嚣，终生清静；心里要有容下大山的胸怀，处理事情才能更加清爽。

语出忻州部家北院联。部家在明代洪武年间（1368—1398年）由朔州迁至忻州，最初以农业为主，后抑农经商，在清代同治、光绪年间（1862—1908年），以"着眼西北，动手东南"的眼光，努力发家，成为当地首富。

未及积金先积德，
虽无恒产有恒心。

◎ 释义

在没有积累财富前要先积德；没有丰厚的家产时要有持之以恒的创业精神。

语出平定石家家训。石家创业于清乾隆初，以驼马店兼租赁起家，经营绸缎、皮货、杂货，后来发展为钱庄、当铺、票号而闻名晋东南。

小巷驰名凭店古，老醋雅号藉酿陈。
人叫人千声不语，货叫人点手自来。
一分利钱吃饱饭，十分利钱饿死人。
为人不把好货卖，不能沾光发大财。

◎ 释义

太原市桥头街有条胡同叫"宁化府巷"，"宁化府"原系明太祖朱

清嘉庆二十二年七月吉日成造的铁甑

元璋之孙宁化王朱济焕的王府。益源庆是专门为王府制醋、酿酒、磨面的作坊。当时的制醋师傅手工精湛、配料讲究、勤翻细搅、夏晒蒸发、冬去浮冰，特别注意掌握恰当火候。因此所作之醋名扬并州，还不断敬供皇宫御用，堪称一绝。据考证，益源庆早在1817年已具有了日产300斤醋的能力，本店现存一具铸有"嘉庆二十二年七月吉日成造"字样的铁甑就是有力的证明。

语出宁化府益源庆醋坊。

经商先做人，
做人先修德。

◎ 释义

要想经商就得先学会做人；而要会做人就得先修行自己的品德。

语出宁化府益源庆醋坊。

玉不琢，不成器；
人不教，不知义。

◎ 释义

美玉如果不雕琢，就成不了大器；人如果不接受教育，就不知道什么是大义。

语出闻喜裴氏家规。

闻喜裴氏是中国封建社会盛名久著的一大世家。裴氏家族自古为三晋望族，也是中国历史上声势显赫的名门巨族。裴氏家族"自秦汉以来，历六朝而盛，至隋唐而盛极，五代以后，余芳犹存。在上下两千年间，豪杰俊迈，名卿贤相，摩肩接踵，辉耀前史，茂郁如林，代有伟人，彪炳史册。"其家族人物之盛、德业文章之隆，在中外历史上堪称绝无仅有。裴氏家族公侯一门，冠裳不绝。正史立传与载列者，600余人；名垂后世者，不下千余人；七品以上官员，多达3000余人。据《裴氏世谱》统计，裴氏家族在历史上曾先后出过宰相59人，大将军59人，中书侍郎14人，尚书55人，侍郎44人，常侍11人，御史10人，节度使、观察使、防御使25人，刺史211人，太守77人；封爵者公89人，侯33人，伯11人，子18人，男13人；与皇室联姻者皇后3人，太子妃4人，王妃2人，驸马21人，公主20人等，真可谓"将相接武、公侯一门"，中国"宰相村"由此而得名。

福慧双修须及物，
身名俱泰要留余。

◎ 释义

福气与智慧的培养，一定要涉及具体事务；一个人的名望在最佳时候要留有余地，万万不可骄傲。

语出太谷曹家西偏院小过厅联。

曹家大院是明清晋商巨富曹氏家族的一座宅院，曹家大院占地10600平方米，整体的布局呈"寿"字形。被

曹家大院

◀ 平遥古城 杨自新作

誉为"中华民宅之奇葩"。建筑风格独特，是中国北方古代汉族传统民居建筑的代表之一。从远处看，曹家大院呈"寿"字形，这座"寿"字院是曹氏家族中一个分支的院堂，习惯上根据多福、多寿、多子而称为"三多堂"。大院分南北两部分，东西并排着三个穿堂大院，上面连接着三座三层高楼，内套15个小院，现存房舍270多间。曹家大院不仅融合了南北方建筑风格，而且还吸收了欧洲的古建筑风格。

> 素位而行，无人不自得，
> 居昌俟命，亦乐在其中。

◎ 释义

在人生低潮时不要气馁，在人生鼎盛时也要乐在其中。

语出太谷曹家戏台楹联。

> 重然诺。

◎ 释义

做人做事要看重许诺。

语出介休冀氏。

冀氏是宋代从山西临晋县迁入介休县邬城，后又迁入介休北辛武村。冀氏是大户，其"支派分出，丁口益众，梓里相逢，每难识别，兼以宦游远省者有人，服贾他乡者有人，又迁广平、迁湖北、迁陕西、迁北口"。冀

待人以诚 御下以宽 熊晋作

氏约在乾隆时开始发迹,到冀氏十七世冀国定时期,冀氏商业已相当可观。道光初,冀氏在湖北樊城、襄阳等地的商铺有 70 多家,经营以当铺为主,次为油房、杂货铺,其中资本在 10 万两以上的商号有钟盛、增盛、世盛、恒盛、永盛当铺和平遥谦盛亨布庄。这时,冀氏有资产达 300 万银两。

待人以诚,御下以宽。

◎ 释义

要真诚地对待他人;要宽和地对待下属。

语出介休冀氏。

素以礼自范,无疾声遽色。

◎ 释义

平常要用礼仪自律;不要疾言厉色地对待他人。

语出介休冀氏。

尊老敬贤,友爱昆弟。

◎ 释义

对老人和贤能的人要敬爱；对兄弟姐妹要友爱。

语出介休冀氏。

延晚景于桑榆，不外栽培心上地；
寿长令乎姜桂，只缘涵养性中天。

◎ 释义

人到了老年时要有一个好心情，好性格，胸怀大度，豁达开阔，培养自己的心境，颐养性情，是健康长寿之道。

此联乃是平遥延寿堂药店的一副古楹联。延寿堂药店坐落在平遥县衙门街。

修身如执玉，
种德胜遗金。

◎ 释义

语出平遥民居。这副楹联是前人留下的古训，被平遥一民居用砖雕的形式悬于大门两旁。意在告诫子孙为人处世贵在修身养性，治家立业重在品德传承。修养身心就像执有美玉一样，认真谨慎；播种美德胜于赠予金钱。联中"修身"一词出自《礼记·大学》："欲齐其家者，先修其身。"

**交以道节以礼一团和气，
近者悦远者来四海春风。**

◎ 释义

做生意要诚信和以礼待人，一团和气才能生财；不论远近的顾客来了都应一样对待，那么生意就会像春风一样吹遍四海之内。

语出榆次中兴和账庄联。

**穷死不偷人，
气死不害人。**

◎ 释义

再穷也不干偷盗的事，被人误解生再大的气也不做伤害人的事。

清光绪三十四年(1908年)，代县人蔡岐到绥远谋求生计，一路辗转，来到内蒙古托克托，落下脚跟。其孙蔡荣于1916年创办"通顺和"商号。"通顺和"在四十年的经营生涯中，以儒家"和为贵"为指导思想，教育子女做人要讲道德，守规矩，以诚为本，以义待人，"家有家规，以及铺有铺规，站有站相，坐有坐相""穷死不偷人，气死不害人"。

**心术不可得罪于天地，
言行要留好样于子孙。**

◎ 释义

做事要顺应自然，不做伤天害理的事，言行要端正，并给后人做好榜样。

明朝洪武年间，康家先祖在巩县（今河南巩义）康店镇洛河边安家。为解决温饱，康家先祖在洛河岸边开了一个小饭馆。寒来暑往，小店逐渐成为河洛一带知名的客栈。后来，客栈所在地被称为"康家店"。到了康氏家族先祖第六代传人康绍敬时期，康绍敬读书入仕，初任洧川（今河南尉氏县境内）驿丞，后晋升为山东东昌府（今山东聊城）大使。康绍敬在地方水陆交通、盐业和税务等方面担任要职。到了清朝时期，康氏家族在清朝镇压白莲教之际，通过各种手段取得了长达十年与布匹有关的军需品订单，在这之前康家还垄断了陕西的布市。同时，康氏家族又靠造船业发财、靠土地致富，人称"百万富翁"。经过康家几代人的不断努力，小小的"康家店"变成了一座占地240余亩、包含19个部分的庞大庄园。康家用心培育子孙，以"心术不可得罪于天地，言行要留好样于子孙"为训，这也就是教育康家子孙要注意自己的品德和言行。

富不可骄，贫当无谄。
莫缘枯树，休打秋千。
偶有差错，父母挂牵。

◎ 释义

富不可骄，贫不能谄，不做危险之事，不让父母挂牵。

这是《山西杂字》的内容，既体现了对待贫富的态度，又隐含了父母对子女的关爱及子女对父母应有的孝道。

用人之道，不可多疑也。
信者可赖，岂分亲信外人，
凡诚者可举也。

◎ 释义

用人，就要放心使用，不可生疑。诚信忠诚的人，要大胆使用，不要有远近亲疏之分，凡是忠诚的人，都要大胆提拔。

语出原平县楼板寨村张秉善商训。

原平县楼板寨人张秉善于24岁步入商界，以经营胡麻油为主，产、供、销一条龙。历经数年光景，商号很有起色。张秉善遂物色一五寨人主持业务。此人熟地理，会推销，办事利落，很快被委以大掌柜。从此，张秉善将"用人之道，不可多疑也。信者可赖，岂分亲信外人，凡诚者可举也"作为用人之道。

宁丢万两金，
不失一分信。

◎ 释义

诚信比金钱重要，要"信"字当头，恪守信用。

语出保德县陈家梁村陈隋保。陈家梁村陈家发迹于清末民初，创始人陈隋保，号称保德商界奇才。他一生经商以"宁丢万两金，不失一分信"

为训,因此,他在商界的口碑很好。

天地生人,有一人应有一人之业;
人生在世,生一日当尽一日之勤。
业不可废,道为一勤。
功不妄练,贵专本业。
本业者,置身所托之业也。

◎ 释义

天地生下了人,每个人都应该有自己的事业。人生在世要勤奋不要虚度年华,本业不能废,练功不能乱练,不要朝三暮四,要专注好自己的本业。

语出保德县马家滩村人张述贤。张述贤是义成德商号的创始人。在二十多年的经营中,对伙计和家人进行"重信义,除虚伪,节情欲,敦品行,贵忠诚,鄙利己,奉博爱,喜辛苦"内容的道德培训。把"天地生人,有一人应有一人之业;人生在世,生一日当尽一日之勤。业不可废,道为一勤。功不妄练,贵专本业。本业者,置身所托之业也"作为家训。正因为这样,义成德商号事业发达,为世人刮目相看。

非关报应方行善,
岂为功名始读书。

渠仁甫岳父刘奋熙撰写之对联

◎ 释义

不是因有报应才去行善,也不能因为功名才开始读书。

渠仁甫岳父刘奋熙撰写之对联"非关报应方行善,岂为功名始读书"。刘奋熙(1857—1899年),字振翼,号筱岩,祁县塔寺村人,光绪十一年山西科试中举人,受到当时文坛著名人士、山西学政王仁堪的称道,并拜王仁堪为师。光绪十六年(1891年)成进士。他和渠本翘在清代"重商轻学"的祁县,是少有的两名进士。他性情豪放,思维活跃,任贵州罗城县、天柱县知县六年,政绩显著,清廉刚介。当他辞官回乡时,连路费都没有,地方以千金助行,拒之,后向在贵州经商的同乡借钱,才得以回乡。回乡后在贾令镇设帐讲学授徒,著《爱薇堂遗集》四卷。他还行医济世,是晋中乃至全省著名的大儒名医。刘奋熙廉洁奉公、为政清廉、学识渊博、医术高超,成为渠仁甫崇拜的偶像。

道德为原本。

◎ 释义

道德是做人的根本。

"道德为原本"是祁县渠家"长裕川"西南院匾额文字。1902年,倡导"中学为体,西学为用"的两江总督张之洞,在南京创办三江师范学堂。著名学者缪荃孙、陈三立等曾任校

长(时称"总稽查")。1906年更名为两江师范优级学堂,李瑞清主持学校6年(时称"监督")。李瑞清为学子留下的做人规范是"道德为原本"。

君子无逸,吉人寡辞。

◎ 释义

君子不要贪图安逸,要有学识和修养,不讲废话,说出话来就要有份量。

"君子无逸,吉人寡辞"为太谷名家赵铁山为渠仁甫书写的对联。此联出自《尚书》与《周易》1916年,二人在祁县乔家堡相遇,渠仁甫请赵铁山为其作此联。此联的特点是赵铁山把汉《石门颂》刻石和《惠安西表》刻石的笔意糅在一起,又加入自己的艺术功底,形成了他在隶书中罕见的精品。此联的内容和书法,渠仁甫特别喜爱,视为做人准则。

赵铁山为渠仁甫作的隶书对联

明理自平居,莫到有事时存两端念;
置身须得地,当为从古来第一等人。

◎ 释义

做人要明察事理,懂得事物发展的规律,要脚踏实地,摆正自己的位置,这样才是有学识有水平的人。

此联出自《尚书》,为1916年赵铁山为渠仁甫作。

赵铁山为渠仁甫作的对联

同庚老弟能怜我，
未尽光阴可读书。

◎ 释义

弟弟能够怜爱我，让我在未来的日子里能好好读书。

语出赵铁山书房联。此联为赵铁山之仲兄赵云山病逝后，赵铁山想多读书，将家事、商事大多托付胞弟赵渔山料理，自己写了这幅联语，悬诸书屋。

立德立言居之以敬，
友直友谅尊其所闻。

◎ 释义

对树立德业、创立学说的人要敬仰，对正直诚信的朋友要相信。

这是渠家西南院外侧的一副对联。该联是清代大学士、三代帝师、著名书法家祁寯藻写的，上联出自《左传》，下联出自《论语》。

祁寯藻书对联

渠家西南院的明楼联语

凡人为一事以专而精，
以纷而散。
荀子称，耳不两听而聪，
目不两视而明。
千古圣贤豪杰虽有立于世者，
不外一勤字；
千古有道自得之士，
不外一个谦字。

此两句在渠家西南院的明楼，二句均为曾国藩语。

若虚。

"若虚斋"为祁县渠家一进院正房匾。由"虚怀若谷"而来，传说为清代大学士、三代帝师、著名书法家祁寯藻写。

慎言语，
善为宝。

◎ 释义

要言语谨慎，多做善事。

祁县渠家三进院内牌楼匾额正面为"慎言语"，背面为"善为宝"。

不泥古，不拘今，知不足，日新，
昨非今是，不得不勉，自强不息，
一日三省，退思补过。

乔致庸把乔家大业交给了他的孙子乔映霞。乔映霞深受家风祖规熏陶，主持乔家以来，事业心强，治家严谨。他针对兄弟与子弟特点，分别立书斋名，曰"不泥古斋""知不足斋""日新斋""不得不勉斋""自强不息斋""一日三省斋"等，以资互勉。

视 箴
心兮本虚，应物无迹。
操之有要，视为之则。
蔽交于前，其中则迁。
制之于外，以安其内。
克己复礼，久而诚矣。

听 箴
人有秉彝，本乎天性。
知诱物化，遂亡其正。
卓彼先觉，知止有定。
闲邪存诚，非礼勿听。

言 箴
人心之动，因言以宣。

发禁躁妄,内斯静专。
矧是枢机,兴戎出好。
吉凶荣辱,惟其所召。
伤易则诞,伤烦则支。
己肆物忤,出悖来违。
非法不道,钦哉训辞。

动 箴
哲人知几,诚之于思。
志士励行,守之于为。
顺理则裕,从欲惟危。
造次克念,战兢自持。
习与性成,圣贤同归。

◎ 释义

一个人的心原本是清净虚空的,顺应事物的变化而不留痕迹;守住本心的要领,就是以看为原则。如果一开始就看不清楚的话,内心就要迁移,本心就会蒙蔽。不合礼的不要看,将其遏制于心外,以使心境得到安宁。约束克制自己再履行礼数,久而久之心志就能够专一了。

人有美好的禀性,本来就是天生具备的。知觉(或心)受到外物的诱惑,就会失去其正见。事先能够察觉的,就知道应该在哪里停止而有定向。抵御抛弃邪念而保持心志专一,不合礼法的无稽之言不要听。

人心的动摇是从语言开始的;平息躁动和妄念,内心就可以专注和宁静。说话是关键,一句话没说好,就会引起战争。语言能够引起战争,也能带来和平;吉凶荣辱,往往是由一个人的说话所招致的。说话过于简单,就显得很荒诞,别人听不懂你在说什么;说得过于繁杂,又显得支离破碎,使别人半天不得要领。说话太放肆多半与事理相违背。说出一些违背天道的话,应对你的往往也是一些违背天道的话。即发出什么,就得到什么。不符合天道,不符合礼的话,就不要去说。这是训教之言啊。

哲人都知道那些很玄妙、很精妙、很深刻的道理,因为他们有缜密的、深刻的思考;有志之士激励自己的行为、磨砺自己的品行,以守为原则。顺理而做,就会从容而宽裕。如果依从私欲,就会使自己面临危险;造次必于是,颠沛必于是,在颠沛流离之际,都能保持善念,做每一件事情的时候,都能把持住自己,能够战战兢兢,如临深渊、如履薄冰。习惯和性情慢慢养成了良好的品性。习惯成自然,就可以步入圣贤的境界了。

语出灵石王家红门堡石刻《程子四箴》,即宋代大儒程颐所撰视、听、言、动四箴。四箴把儒家"非礼勿视,非礼勿听,非礼勿言,非礼勿动"的信条加以深化,并提高到理性的高度,以收制外安内、克己复礼之功效。

厚知礼义,
尚信好文。

◎ **释义**

重厚知礼义,尚信好文,性惇厚,尚礼义。

语出孝义白壁关村侯氏家族,其人皆勤俭。

思三益。

◎ 释义

所谓"三益",即指益于身心,益于家国,益于天地。

孝义晋商侯氏宅院门前牌楼上的匾额有"思三益"。侯氏族人常思三益,显见除了财富之外,更高的是追求为人处世的道理。此语出自"静里思三益,闲居守四箴"。

侯氏宅院门前牌楼

损人欲以复天理,
蓄道德而能文章。

◎ 释义

造成天理不明的主要原因是人欲的存在,因而主张彰显天道,用道德规范来节制私欲。

百寿图照壁

在祁县乔家的百寿图照壁旁,有左宗棠书写的一副对联"损人欲以复天理,蓄道德而能文章",横额为"履和"。"存天理,灭人欲"是南宋理学家朱熹的至理名言,道德文章则是包括左宗棠在内的清代大多数名士追求的人生理想。对于已经积聚了相当财富的乔家来说，经营道德文章也是他们对后人的期望。

风标霞举。

◎ 释义

风标，即指风度品格；霞举，是指风度轩昂。不仅经商追求财富，还期望自己和家人有轩昂的风度，高尚的品格。

孝义司马堡张氏宅院第三进院落匾额上提有"风标霞举"。

夕晦昼名，乾动坤静。
物秉乎性，人赋于命。
贵贱贤愚，寿夭衰盛。
谅夫自然，冥数潜定。
蕙生数寸，松高百尺，
水润火炎，轮曲辕直，
或金或锡，或玉或石，
荼苦荠甘，乌黔鹭白，
性不可易，体不可移，
揠苗则悴，续凫乃悲，
巢者罔穴，泳者宁驰，
竹柏寒茂，桐柳秋衰，
阒里泣麟，傅岩肖象，

◀ 太行白陉古道 王康 作

冯衍空归,千秋骤相,
健羡无用,止足可尚,
处顺安时,吉禄长昌。

◎ 释义

通过列举自然界动物、植物、金属等各种物质的自然属性,以及人类社会的发展、盛衰等现象,阐明了世界上一切事物都是出于自然的,进而劝诫人要遵从各种自然规律,要知足,不要贪得无厌,这样才有好的结局和归宿。

祁县乔家大院的大型砖雕照壁上书《省分箴》,全文由乔家女婿、著名书法家赵铁山所书字体圆润遒劲整篇富有书卷气和所写内容浑然一体,文章出自南宋哲学家、文学家吕祖谦编著的《宋文鉴》一文。全文与乔家取堂名在中堂的中庸思想浑然一体。《省分箴》,"省"是觉省,"分"是分寸、本分,箴是一种文体。

心田种德心常春,
福地安居福自多。

◎ 释义

心中常存道德,福气自然就多。

语出泽州县陟椒村刘氏。刘氏家族于清代经商发家,建成了18座形制独特、规模宏伟的大院。在大院"守乾畅"院刻此对联以告诫子孙,要养心积德、居安思福。

> 莫不孝二亲，莫弃本逐末背毁师长，
> 莫盗贼累耻先灵，畏四知为人仁义，
> 远五刑莫犯刑戮，行义政宽以调民，
> 躬身廉俭敦厚自裕，勤习经艺引文自蚀，
> 用九思之德，勿忘好善。

◎ 释义

四知：《后汉书·杨震传》："当之郡，道经昌邑，故所举荆州茂才王密为昌邑令，谒见，至夜怀金十斤以遗震。震曰：'故人知君，君不知故人，何也？'密曰：'暮夜无知者。'震曰：'天知，神知，我知，子知。何谓无知！'密愧而出。"又《传赞》："震畏四知。"后多用为廉洁自持，不受非义馈赠的典故。五刑：即为笞、杖、徒、流、死。九思：视思明，听思聪，色思温，貌思恭，言思忠，事思敬，疑思问，忿思难，见得思义。不要不孝顺父母，不要忘本，不要诋毁师长，不做偷盗之事，辱没祖先。做了坏事天地神灵都知道。不要触犯法律，用仁政去治理百姓，要廉洁勤俭，勤奋学习本领，取长补短。用九思的德行，不要忘了做善事。

语出阳城县白桑乡洪上村范家。范家是清代闻名当地的巨商。在流传至今的《范氏家乘》里，载有范氏家规。

> 金钱如粪土，
> 脸面值千金。

◎ 释义

视金钱如粪土,宁可少赚钱不赚钱,也不能做玷污祖宗和老店招牌的勾当。

高平侯庄村侯氏先祖在安徽颖州开办商号,至光绪二十八年(1903年),侯锡斑在颖州复兴侯大升老店,他时常告诫店员,"金钱如粪土,脸面值千金"。

> 救人之难济人之急;
> 悯人之孤容人之过。
> 勿倚权势而辱善良;
> 勿恃富有而欺穷困。

◎ 释义

提倡族人培养孝悌、谦恭、友善、宽容的品格。

语出沁水柳氏。柳氏宅院在沁水西文兴村,创建于明嘉靖二十九年(1550年)。院中一石牌坊迎风板上尚存有楷书题迹:"明嘉靖二十九年庚戌冬十月立。"从现存民居建筑形制、风格上看,清代屡有修葺、增建。宅院以堡寨形式依山临水,远避尘世,为柳宗元被贬后的一支后人隐居之地,名曰"柳寨","河东世泽"的匾额今日尚在。此宅融明清建筑艺术精华为一体,集南北建筑风格于一身,同时异常巧妙地将皇宫建筑工艺运用到民间,真实地记载了中国百世书香文人做官的历史,深刻地揭示了明代"官而商"到清代"商而官"的社会发展史。

> 父母天地心，大小无厚薄；
> 兄须爱其弟，弟须敬其兄；
> 勿以纤毫利，伤其骨肉情。

◎ 释义

孝顺父母，友爱兄弟，老吾老以及人之老，幼吾幼以及人之幼。

语出沁水柳氏。

> 堂构攸昭。

◎ 释义

子弟要彪炳祖宗遗业，光耀家世门庭。

语出沁水柳氏堡寨"堂构攸昭"匾。

> 恭敬不受辱，
> 宽厚人易敬，
> 诚信换人尊，
> 勤敏事可成，
> 慈惠好用人。

◎ 释义

尊敬别人不会受到侮辱,做人宽厚别人就敬重你,诚信会受到别人的尊重,勤奋做事终会成功,慈善地对待下属,他们就会更好地工作。

语出日升昌票号最后一任大掌柜梁怀文临终时留给子孙后人的五句箴言。

自处贵笃实,须自责、自勉、自强、自计,
非自责无以改过,非自勉无以上进,
非自强无以立身,非自计无以裕财。
自处要常常站在原谅人的地位,
不可求人原谅,
求人原谅是低人一头,
能原谅人是高人一头。

见事理不明就问,觉言行有错就改,
这就是做事、做人、处事、处人的好方法。
做事最怕没恒心,一日勤劳半日懒,
有始无终不能成事;
做事尤怕没方法,没方法终日茫茫不见功。

有苦无智不能成功。
人以生为原则,
人生以结果为目的。

阎锡山故居

人生的要素有二:
一为物质,一为精神。
故人生的结果亦有二:
一为物质的结果,继续是也;
一为精神的结果,成仁是也。
做人须二者兼成。
为人,不可有伤身体,损人格的嗜好。
更不可有犯法律,背人情的行为。吾人当勉之。
做事是人生的结果。
做的事多,就是此生的结果大。

做的事少，就是此生的结果小。

为做人即应当做事。

语出阎锡山家训。

礼义廉耻忠信孝悌。

◎ 释义

礼义廉耻忠信孝悌是人生八德，是儒家德育内容的全部精髓，是做人的根本。礼：是礼节。见到人要有礼貌，我们应该遵守各种规定，遵纪守法，也包括礼貌。学生见到师长要敬礼，见到父母要敬礼，见到客人要敬礼。不但表面上要敬礼，心理上更要恭敬，这是一个人的道德修养的体现。义：是义气。是说人们应该有正义感，要有见义勇为的精神，无论谁有困难，要尽力去帮助，解决问题。对朋友要有道义，大公无私助人为乐，绝无企图之心。廉：是廉洁。廉洁的人，无论见到什么，不起贪求之心，没有想占便宜的心，而养成大公无私的精神。耻：是羞耻。凡是不合道理的事，违背良心的事情，绝对不做。人若无耻，等于禽兽一样。"耻"也是自尊自重。孔子曰："知耻近乎勇"，知道错误就去改过，为当所为，不也是勇的表现吗！忠：是尽忠。尽忠国家，这是身为国民的责任，就是要忠于祖国和人民。"忠"也是要忠于组织和自己的工作职责。信：是信用。信用朋友，对朋友言而有信，不可失信用。将来到社会服务时，"言必忠信，行必笃敬"，说出的话，一定要有忠有信，不欺骗他人。所做的事，必须要有恭恭敬敬的态度，认真去做，绝对不敷衍了事。孝：是孝顺。孝顺父母，这是为人子女的本分，孝顺是报答父母养育之恩。往大了说，可以是对国家尽忠，这也是大"孝"。悌：是悌敬。是兄弟姊妹之间的，就是兄弟友爱，相互帮助。扩而充之，对待朋友也

良户村侍郎府

要有兄弟姊妹之情,这样人和人之间才能消除矛盾,相互谦让。

  语出高平良户村"复始第"古宅压窗石。"廉"字旁边还雕刻着一只锦鸡,谐音就是"谨记",告诫后人要把祖上的优良传统谨记在心中。

  良户村被誉为一座活着的太行古村落,位于高平市西部,北枕凤翅山,南耸双龙岭,东与冯村相邻,西过章庄村和高平关老马岭相连。坪曲公路从村南通过,村南章庄里沟河和交河相汇流入原村河。良户村是清代浙江巡抚、兵部侍郎、高平号称"三阁老"之一的田逢吉故里,民居古建遗存十分丰富。那高低错落的阁楼老房,结构精巧的院落布局,美妙绝伦的"三雕"艺术,无不透射出古朴厚重的明清风貌和人文遗物。著名乡土建筑专家、清华大学建筑学院教授陈志华评价说:"通过良户的遗存,告诉人们,生活是应该而且可以这样精致地、艺术地、富有感情地和实事求是地去创造的。"

◎ CHIJIA

持家

依靠勤劳进取,厉行节俭聚财,是山西人经商成功的一大法宝。也可以说,晋商正是凭借这一传统美德,才奠定了自身在商业社会中的崇高地位,让世人对山西人有了重新的认识。明清时期,那些创业成功的山西商人,始终都奉行着"勤俭节约"的传统美德,是"勤俭节约"的典范。晋商常说:"勤俭为黄金之本""勤劳就是摇钱树,节俭犹如聚宝盆",正是在这种思想的指导下,他们无论是修身正己,还是创业治家,都以勤劳节俭要求自己。晋商的勤俭让世人为之动容,这便是山西人的本色。

杜平安 制印

凡语必忠信，凡行必笃敬。
饮食必慎节，字画必楷正。
容貌必端正，衣冠必肃整。
步履必安详，居处必正静。
作事必谋始，出言必顾行。
常德必固持，然诺必重应。
见善如己出，见恶如己病。

◎ 释义

为人要忠实、守信，从言语上、行动上都要体现出来，与人相交必须这样。行为要笃实，对人要尊敬。饮和食都要有节制，平常要审慎，养成良好的习性，不能暴饮暴食。写字、画画必须正正楷楷，遵守章法，就像做人一样。它是一个人品行道德的反映。容颜面貌是一个人的代表，举止端庄落落大方将留给人们以好的印象，在大庭广众中与人交往更应是这样。衣冠是一个人地位、身份、修养、爱好的象征。穿得干干净净才有精神。衣冠整齐既是对别人的尊重，也可增加自信。走路要稳重、安然。走路的姿势，能反映出一个人的涵养。居住的环境要安静，处世要正心静气。凡事要有谋略，谋略很重要。做事要谋在先，谋者计划，谋事也，先计划好再办事，方能成功。说话要顾及效果，言行要一致。说了就要办，不放空炮。平常所遵循的道德和制定的规则，必须严格遵守，牢固地坚持下去。道德不能败坏，败坏必将受到谴责。答应了的事，必须要兑现，这就是"一诺千金"。见到行善做好事，就像自己做了好事一样，向好人好事学习，为善最乐。看见丑恶的东西，就如同自己的病处。要以人为镜，视恶如病，引以为戒。

语出北宋贤士张思叔的《座右铭》。晋商常用此教育后世子孙注意一言一行，律己修身，以忠信为本，从善如流。

百善孝为先。

◎ 释义

在所有的善事中孝顺是首要的。

语出灵石王家家训。

富贵须自守，虽高不危虽满不溢；
德才无他长，有功勿伐有能勿矜。

◎ 释义

发达富贵后需要有自己的操守，这样，地位高也不会危险，财力富足也不会损益；道德和才能上没有其他的长处，有了功劳不要无休止地自我夸耀，有才能也不要骄傲自满、自以为是。

语出灵石王家大院景薰院正窑廊联语。

为士为农为工为商，皆要勿忘祖德；
务忠务孝务廉务节，庶几克振家声。

◎ 释义

无论是读书、务农、做工还是经商，都不能忘记祖先的恩德；做人要忠诚、孝敬父母、廉洁清正、恪守节操，这样才能振兴家族声名。

语出灵石王家大院五荃轩正窑廊联语。

传家有道惟存厚，
处世无奇但率真。

◎ 释义

只有真诚厚道才是传家有道；人生在世没有诀窍，只有保持坦率真挚的心就好了。

语出清朝曾国荃自箴手书。曾国荃（1824—1890年），字沅浦，号叔纯，又名曾子植。湖南省湘乡县荷塘二十四都（今双峰县荷叶镇）白杨坪人。幼入私塾就读，继求学于岳麓书院，师从丁善庆。祁县乔家以其联语为庭训，教导后辈子孙做人的道理。

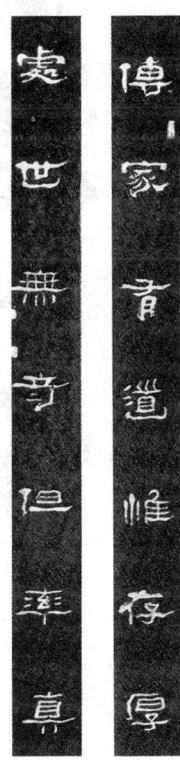

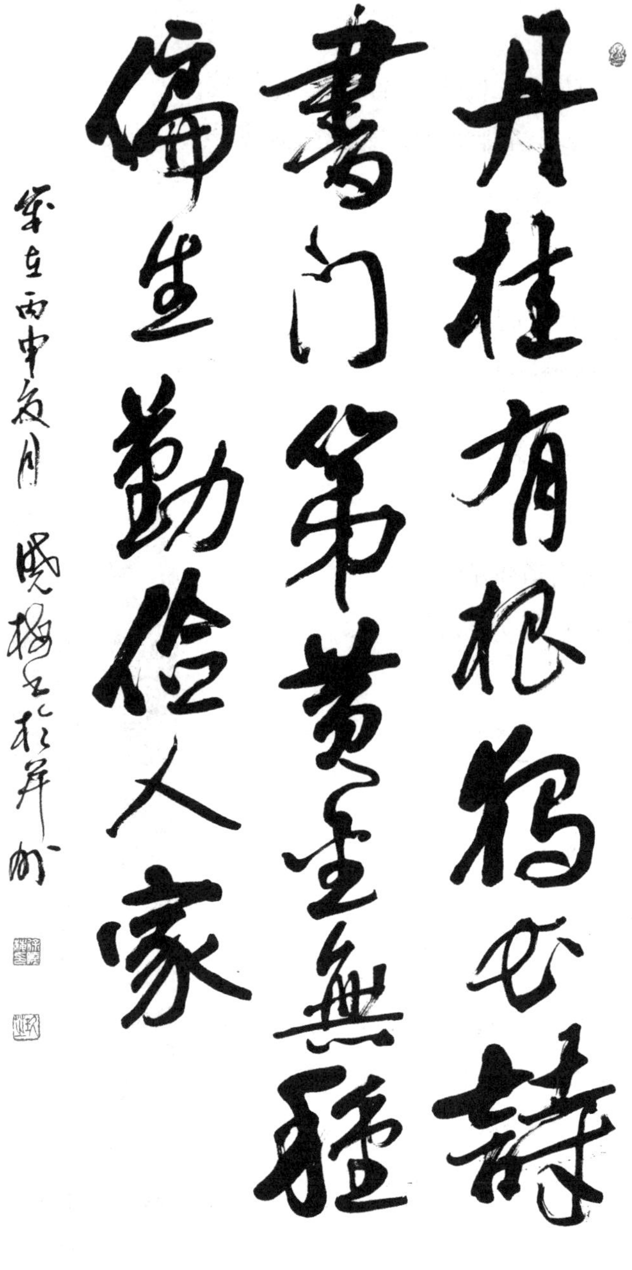

丹桂有根独长诗书门第 黄金无种偏生勤俭人家 徐晓梅 作

丹桂有根独长诗书门第 黄金无种偏生勤俭人家

忠孝两字传家国，
诗书万卷教子孙。

◎ 释义

无论大家小家，忠孝的美德都应该永远地传承下去，让子孙万代多读书。此联道破了中华民族所崇尚的在家尽孝、为国尽忠、诗书飘香的家风门风。

语出太谷曹家大院三多堂东院大门联。

丹桂有根，独长诗书门第；
黄金无种，偏生勤俭人家。

◎ 释义

丹桂虽然有根，但喜欢生长在诗书礼仪之家；黄金虽然没有种子，但总是出现在勤俭的人家。

语出灵石王家大院楹联。

有补于天地者曰功，有益于世教者曰名，
有学问曰富，有廉耻曰贵，是谓功名富贵。

◎ 释义

有补天之功的才能称之为"功"，有利于教导世事才能称之为"名"，

民国时期的晋商

有渊博知识学问的称之为"富",有礼义廉耻之心的才能称之为"贵",这才是真正的功名富贵。

语出《格言联璧》。祁县乔家以其教导子孙,作为庭训。

勤俭乃持家之本,和顺乃齐家之本,读书乃起家之本,忠孝乃传家之本。

◎ 释义

勤俭节约是持家的根本,和美平顺是齐家的根本;读书才是家族崛起的根本,忠诚孝顺乃是传承家族的根本。

语出祁县乔家庭训。

> 祖宗之泽吾享者是,
> 当念原来积累之难。

◎ 释义

享受了祖宗流传下来的恩泽,就不能忘记祖辈家财积累时的艰难。

语出祁县乔家庭训。

> 兄弟叔侄须分多润寡,
> 长幼内外宜法肃辞严。

◎ 释义

兄弟叔侄之间要互相帮助,富有的应该资助贫穷的;晚辈要敬重长辈,长辈要慈爱晚辈,一个家庭要有严正的规矩。

语出《朱子家训》,祁县乔家以其为准则,作为后代儿孙的启蒙必修课。

> 一不准纳妾,
> 二不准虐仆,

三不准嫖妓，
四不准吸毒，
五不准赌博，
六不准酗酒。

语出祁县乔家家训。

勿挟私仇，勿营小利；
勿谋人之财产，勿妒人之技能；
勿淫人之妇女，勿唆人之争讼；
勿坏人之名利，勿破人之婚姻；
勿倚权势而辱善良，勿恃富豪而欺穷困。

语出清朝周安士《安士全书》修订的《文昌帝君阴骘文》之部分。祁县渠家用作家训。

善人则亲近之，恶人则远避之；
不可口是心非，须要隐恶扬善；
此训以格人非，捐资以成人美；
作事须循天理，出言要顺人心。

◎ 释义

仁善的人就亲近他，作恶的人就远远避让；不可以口是心非，应当要惩恶扬善，用这个标准来评人品的好坏。捐献财物用于成全别人，做事情应该遵循天理，出口之言语要顺应人心。

语出《文昌帝君阴骘文》。祁县乔家用其作为家族庭训。

> 群从子孙，
> 重视人才。

◎ 释义

要想子孙兴旺，必须始终重视他们的教育培养。

介休侯家是著名票号蔚泰厚的东家，号称"侯百万"。清道光十四年

蔚泰厚

(1834年),侯家聘请当时著名经营家毛鸿翙为经理,将商号改革为票号;聘请徐润第教育其子弟,"群从子孙"从徐继畲受业。由此可以看出,重视人才,是侯家的成功之道之一。

**重教务学,崇文尚武,
德业并举,廉洁自律。**

◎ 释义

重视教育,务实学习,推崇文德,崇尚武德,品德和学业同样重要,做人要廉洁并且自律。

语出河东裴氏家训。

**先祖先贤成由勤俭败由奢,岂敢相忘;
后世后学幼当教养老当敬,首在言行。**

◎ 释义

不要忘记先祖之所以成就一番功业都是由于勤劳节俭,败落在于奢侈淫逸。后代子孙学子,应该教育培养年幼的,孝敬年老的,并首要注重言语、行为。

语出灵石王家大院凝瑞居正厅联。

敬祖先，孝父母，和兄弟，教子孙；
睦宗族，和亲邻，守国法，勤力作；
务农业，去奢侈，出异端，禁赌博；
禁吸毒，正人伦，慎婚配，行善道。

语出万荣县李氏。明永乐年间，李家先祖李百泉从陕西省韩城县相里堡村逃荒落户到山西省万泉县薛店村，靠缠簸箕扎箩底的手艺谋生。明末年间，李家第八代李永山迁居万泉县的繁华集市阎景村，置田买地，艰苦创业。第十三代李文炳开始弃农经商，第十四代、第十五代李家的生意达到鼎盛，李家的当家人认为，少得一分利，就是多行一份善，所以对待顾客视为亲人，同行之间诚信不欺。

忠厚接物，勤俭治家；
不以逸而志劳，恒以勤而为约。

◎ 释义

以忠诚厚道来待人接物，以勤劳节俭来治理家族；做事情不贪图安逸，坚持以勤俭约束自家的准则。

语出闻喜李家家训。李家居闻喜县上岭后村。李氏从一条扁担起家，能成为晋商中雄踞一方的名门，定有其必然性。李氏家族在其200年的发展中，形成了自己的经营品格，忠厚待人是李氏家族的家范，是李氏家族成功的重要秘诀。在李氏家族五六代人的努力下，家族生意日益兴隆，在山西闻喜、河南汤阴、四川成都等地先后开设了"新盛兴""新盛通""昌盛和""仁盛公""昌盛仁""新盛恒""新盛源""新盛振""新盛和""魁盛隆"等商号，成为富甲一方的商业世家。

德業并舉

晋商家訓語 淑燕書

◀ 德业并举 梁淑燕 作

忠厚接物
勤俭治家

丁酉仲春士卿书

▶ 忠厚接物 勤俭治家 阎建科 作

铭先祖大恩大德恒以礼义传家风 训后辈务实务本但求清白在人间 王海玉 作

推诚为应物之先，
强学为立身之本。
节俭为持家之基，
清廉为从政之道。

◎ 释义

对待事物的首要条件就是推崇诚信，注重学习是立身之本；勤俭节约是持家的基本，清正廉明是从事政治的根本。

语出《河东裴氏族训》。

铭先祖大恩大德恒以礼义传家风，
训后辈务实务本但求清白在人间。

◎ 释义

要牢记祖先的大恩大德，持之以恒地把以礼待人、以义做事的家风传下去。要教诲后辈努力去做实事，努力做好本业，要将自己清白的名声流传于世。

语出灵石王家大院敦厚宅正厅内联。

敬奉祖先 慎终追远，木本水源。生事死葬，祭祀礼存。立志向善，做贤子孙。贻谋燕翼，勿忘祖恩。

孝顺父母 父母恩德，同比昊天。人生百行，孝顺为先。跪乳反哺，物类犹然。况人最灵，孺慕勿迁。

友爱兄弟 世间难得，莫如兄弟。连气分形，友恭以礼。同心同德，团结一体。姜被田荆，怡怡后启。

协和宗族 曰宗曰族，一脉相传。勿事纷争，和谐齐贤。尊卑长幼，伦理秩然。远近亲疏，裕后光前。

敦睦邻里 同村共井，居有德邻。相维相恤，友助和春。勿生嫌隙，有礼彬彬。基层良风，家国亲仁。

立身谨厚 谨身节用，明刊孝经。武侯谨慎，昭若日星。厚德载福，宽让能宁。谦虚自牧，喜怒不形。

居家勤俭 勤能补拙，俭以养廉。丰家裕国，莫此为先。颓惰奢靡，祸害无边。惜时爱物，居安乐天。

严教子孙 家庭教育，立人丕基。诲尔谆谆，性乃不移。谨信泛爱，重道尊师。传子一经，金玉薄之。

读书明德 人不读书，马牛襟裾。学而时习，其乐有余。一技专长，生计无虞。立达希贤，典型规模。

淳厚戚朋 朋友五伦，以德辅仁。益友损友，择游宜珍。戚党姻亲，和洽如春。岁时伏腊，晋接礼宾。

慎重言语 一言兴邦，一言丧邦。圭玷可磨，言玷永伤。驷不及舌，语出须防。少说寡祸，发言有章。

讲求公德 置身社会，公德第一。爱惜公物，遵守序秩。时时警惕，留心错失。祛除自私，免贻人疾。

语出裴氏家训。

创业维艰祖辈备尝辛苦，
守成不易子孙宜戒奢华。

◎ 释义

开创事业艰难，祖辈们经历了无数的困苦，保护已有的成果也不容易，子孙们要力戒奢华。

语出临猗李氏家训。李家亦官亦商，商业可追溯到明代洪武年间，创办有新兴油店等商号。民间有"先有新兴油店，后有咸阳县"的说法。

水源木本承先泽，
春露秋霜启后风。

语出清徐县大常秦家宅院联。清徐秦氏之始祖母秦张氏，以卖豆芽起家致富，其后人供奉秦张氏画像，称呼其为"发财娘娘"，此联则挂于画像两侧。

爱国报国，兴业敬业，敦品厚德，尚志励学，自强自立。
奉忠，奉孝，奉义，奉勤，奉恕。

语出杨氏家规。

尚古义，不作恶；
崇道德，不欺诈；
师圣贤，不为官。

◎ 释义

尚义且不作恶，为人根基，不可动摇；崇天道，有德行，不可或缺。尊圣贤为师，不以做官为目标，官商两清、泾渭分明。

语出榆次王村郝家家训。在长期的经营及社会活动中，郝家世代传承、恪守着"三不"的严格祖训：郝家原始商号都取一"顺"字，意图吉利。其中核心商号之一的"天顺长"，原名"大顺长"。曾莫名灾祸连续5年，使得茶界头领茶庄"大顺长"损失惨重。天祖父郝天佑警觉自省，恐有违天理，于是亲自提笔改写号名为"天顺长"。把原来只图吉祥的"顺"意改谓之：顺天道者，天亦顺之，天顺必长。商号如此，乌金山（龙王山）上郝家的避暑山庄"德顺堂"之"顺"字，其含义亦随之皆变，意在勉励家族商号、族人言行要"遵天理、顺天道"。欺诈乃经商、实业第一大忌。"不说谎""不欺诈"乃是家族不可逾越的底线，不可有丝毫含糊。

所谓成也官家，败也官家。在皇权至高无上的时代，伴君如伴虎，伴官若伴狼。入得官场，风光利益时时在，灭顶之灾刻刻存。一旦有事，不仅数辈努力付诸东流，严重时儿女子孙尽受牵连大祸难逃。依附官府者，多难长久。故此，郝家经商而师圣贤，特别严格地世代遵行"不为官"的祖训。清末时期，有一次家族照全家福时，家族中唯一为官的女婿被高祖郝序东请出队列。

**行义积福，贤孝传家，仁厚积德，
致学安邦，崇德尚义，济达同乡。**

◎ 释义

做人要积德行善孝顺传家，重视子孙教育，达助乡里。

语出榆次王村郝家家训。郝家世代积德行善、达助乡里。过去多有郝家助人为善故事广为流传。郝家大院有皇室和地方政府赠予的两块牌匾，分别是"慷慨可风""急公好义"，是为见证。族人早已把达助乡里当作了自己无可推诿的责任。郝家有自己的私塾，族人子弟在此接受教育。私塾先生为榆次车辋常家举人，郝家对子孙教育之重视，非同寻常。郝家历代父严母慈、圣贤诗书传家，子孙博学多才，所以郝家长盛而不衰。

**男学忍让千万勿听妇言分家；
女学沉静千万勿调唆是非；**

长幼有大小；
共事学公平；
亲邻量力周恤，勿需代人铺约；
勿偏爱己子恶人子；
遇穷人勿难为；
待亲戚勿寡恩；
劝子弟习勤苦，多读书；
勿忘祖宗艰难成懒惰。

  语出新绛县丁氏家训。在古交镇上院村的清代堡子内，丁海生老宅发现民国十四年（1925）的"训言"石碣。该石碣为砂石质，长方形，长0.96米，宽0.65米，嵌于丁海生老宅的砖雕影壁上，系由该村民丁发成委托他人所书。

一能富，不辞辛苦走道路，勤俭富；
二能富，买卖公平多主顾，忠厚富；
三能富，听得鸡鸣离床铺，留心富；
四能富，手脚不停理家务，终究富；
五能富，常防火盗管门户，谨慎富；
六能富，不去为非犯法度，守分富；
七能富，合家大小相帮助，同心富；
八能富，妻儿贤惠无欺妒，帮家富；
九能富，教子训孙立门户，后代富；

十能富，存心积德天加护，为善富。

第一穷，多因放荡不经营，逐渐穷；
第二穷，不惜钱财手头松，容易穷；
第三穷，朝朝睡到日东升，邋遢穷；
第四穷，家有田园不务农，懒惰穷；
第五穷，结识富豪为亲翁，攀高穷；
第六穷，好打官司逞英雄，斗气穷；
第七穷，借债纳利装门风，自弄穷；
第八穷，妻弩馋懒子飘蓬，命当穷；
第九穷，子孙相与无良朋，局骗穷；
第十穷，好赌贪花恋酒盅，彻底穷。

语出太原糕点铺"德盛楼"商铺商训。

清朝末期在北方驰名的太原糕点铺"德盛楼"，据太原市档案馆留存资料显示那时的德盛楼就形成了自己的家训，东家总结为"十富十穷"歌诀，让后人牢记于心。

造成一个人、一个家庭乃至一个家族衰落的原因有许多，不外乎这"十穷"中所总结。山西介休的侯家在巅峰时资产达到千万两，是山西首屈一指的豪门大户，但侯家某代后人从小挥金如土，和富家子弟为了比赛谁家有钱，想出拿钞票点水烟的主意，显赫一时的侯家也逐渐沦落到变卖家产的地步。

其实，整个晋商逐渐崛起并走向巅峰，正是"十富"的真实写照，有这样的家训并能遵照之，何愁家业不兴！

敬祖先

祖先是人的根本,根本固枝叶荣。根本不培,难荣枝叶。祖有远近之分,近代祖先,近代人则敬之,远代则不知敬,岂知无远代之祖,近代祖从何而出!因近代为我之祖先,远代更为近代祖先的祖先,我不敬远祖而近代祖先的心不安,因此,必追远中更追远,才可说敬。敬祖必按时祭扫。修其坟茔为先祖所栖,若不修必被别人侵毁,我族人切不可轻视而露祖骨。

孝父母

人子为父母所生养,教育其恩如天地。粉身难报,孝父母为天经地义,切不可失养失敬有违天伦。凡我族人,奉行孝道,铭记于心。

和兄弟

至亲莫如兄弟,兄弟乃同胞共乳之人。同室而长,如手如足。人每每重朋友,恋妻室,而于兄弟间反至参商,而不知手足难得,凡我族人,切不可因争产争财而伤其手足。

教子孙

子孙不必都聪明俊秀才让读书,虽愚也不可不读,聪明的固然可望成才,愚者读书不至属于下流,如尽到义务完全一定的学业也不能继读,亦应令其学艺耕耘经商,尤戒侈淫,使子孙不好的行为而为父母,为祖者才不愧教子有方。

睦宗族

宗族,吾身之亲,千支同本,万脉同源,始出一祖,不睦宗族,不敬宗祖,则近如禽兽。凡我族人切不可相残相欺,以伤元气。

和亲邻

凡新旧亲戚，无论贫富，皆当往为有礼，相亲相爱不可遗忘。至于邻里同居共处，和气一团多少益处，损多少烦恼，切可彼此生而成后患。

守国法

居家之道，为善最乐，保身之策，安分为先。国家法律尊严，无非禁民为非，导民为善，合乎天理人情，道德常规之至。人能准情度理，自不作奸犯科。苟视法典为儿戏，将一堕法网之中，轻则辱身败名，重则破家殒命，上以贻忧于父母，下以遗累于妻子，所以君子怀德，德必出于君子，凡我族人应遵纪守法做安分之民。

勤力作

人生衣食岂从天降？全凭人力营作中来，男女勤劳，各当尽力。虽一岁所入，公私输用而外，剩余无几，而日积月累，自至身家丰裕，子孙世守，利赖无穷。一有游惰则贫乏继之。凡执艺行业俱以勤力为本，才无饥寒。

务农业

国以家为本，民以食为天，无农不稳。农为衣食之必资，上可以供父母，下可以养子孙，所以为生存之本。如不勤耕力作，必致荒芜田畴。凡我族人切不可偷安懒惰，以致终身饥寒。

去奢侈

淫侈之费甚于天灾。一家度支甚繁，当用固不能辞，不当用务须俭约，才有盈余。徒尚奢华，不知节缩，须知一岁之终，所入有限，所出无穷，务须谨慎。

◀ 阳春 刘要萍 作

出异端

左道惑众邦有常法，邪说诬民，律所不容。近有游手无赖之徒，往往假借凶祥祸福之事，以成荒诞无稽之谈。始则诱取资财以图肥己，渐至男女杂处，树党结盟。阳窃向善之名，阴怀不轨之计。一旦发觉惩逮株连，遗患不浅，能不惧哉！凡我族人应出其异端，以正家风。

禁赌博

家风之坠，邪淫者，十恶之首；赌博者，倾家之源。赌博害人深，家产既尽，借贷无门，非劫夺以为生，即偷窃以乞活。故好赌实盗贼即好赌之归宿。即令不为盗贼，饥寒交迫，滋事生非常违国法。族中有产者，务重惩其窝家，则歪风自止。

禁吸毒

毒品之流毒中国也，深矣！大则有害生命，倾家荡产，小则有害健康，疏离亲朋，如不禁戒，不但前人被其害，而后人亦遭其毒。凡我族人切不可贩毒吸毒，以害人害己。

正人伦

人伦，九族之源，人生所当，存于方寸之中，而尊卑长幼各得其序，纲常伦纪各得其次。凡我族人，要必名正言顺、不可乱伦。

慎婚配

婚配，为人伦之始，结婚合配当审其人品性格。苟婚配不择淑女，则为终身之害，而倾家声之不小，凡我族男丁未出五世而婚配者，应视为乱伦者应受全族人共诛之，受国法而处之。

重敬贤

敬贤,乃我族人之众望也。贤者为人之师,其学有所传,礼有所学,不重贤是人之愚昧,不得为人也。凡我族人,务必尊长敬贤,以示文明之族风。

语出河东李氏家训。

利以义制,名以清修,恪守其业。

◎ 释义

以道德礼义节制人的利欲为基本准则;以清明来修行自己的名声;恪尽职守自己的家业。

语出明代王现。王现,字文显,尝训诸子曰:夫商与士,异术而同心。故善商者,处财货之场,而修高洁之行,是故虽利而不污;善士者,引先王之经,而绝货利之径,是故必名而有成。故利以义制,名以清修,恪守其业,天之鉴也。

静:不可轻举妄动,此全为读书地,街门不轻出。

淡:消除世外利欲。

远:去人远,无匪人之比。此有二义,又要往远里看,对"近"字求之。

藏:一切小慧,不可卖弄。

忍:眷属小嫌,外来侮御,读孟子"三自反"章目解。

乐：此字难讲。如般乐饮酒，非类群嬉，岂可谓乐？此字只在闭门读书里面，读《论语》首章自见。

默：此字只要谨言。古人戒此，多有成言也。至于讦直恶口、排毁阴隐，不止自己不许犯之，即闻人言，掩耳急走。

谦：一切有而不居，与骄傲反。吾说《易谦卦》有之。

重：即"君子不重则不威"之"重"。气岸崚嶒，不恶而严。

审：大而出处，小而应接，虑可知难。至于日间言行，静夜自审，又是一义。前是求不失其可，后是又改革其非。

勤：读书勿怠，凡一义一字不知者，问人检籍，不可一"且"字放在胸中。

俭：一切饭食衣服，不饥不寒足矣，若有志，即饥寒在身，亦不得萌干求之意。

宽：为肚皮宽展，为容受地窄，则自隘自蹙，损性致病。

安：只是对"勉"字看。"勉"岂不是好字？但不可强不能为能、不知为知，此病中

傅山像

者最多。

蜕：《荀子》"如蜕之脱"。君子学问，不时变化，如蝉蜕壳，若得少自锢，岂能长进。

归：谓有所归宿，不至无所着落，即博后之约。

语出傅山家训十六字格言。

一不许娶妾，
二不许嫖娼，
三不许抽大烟，
四不许赌博，
五不许以势欺人，
六不借外债，更不许借钱不还。

语出渠氏家规。

追旧德为善最乐济乡里，
修先业耕读传家望青云。

◎ 释义
追念先人之美德，帮助乡里做善事；修行先辈的事业，传承耕读的家风，才能平步青云，事业旺盛。

语出灵石王家祭祖堂联。

**一饭一粥当思来之不易，
半丝半缕恒念物力维艰。**

◎ 释义

一碗饭，一碗粥都应当想到来之不易；半根丝，半缕线也应该常常想到物质生产的艰辛。

语出清初朱柏庐《治家格言》，王家作为家训。

王家司马院大门联

传家一篇司马训，
课子数卷邺侯书。

◎ 释义

把司马光的《训俭示康》作为传承家族的家训；用邺侯的书籍卷册教导子孙。

语出灵石王家司马院大门联。邺侯为唐代李泌，封邺县侯，时人呼其"邺侯"。其搜罗书勤，家富藏书。

忆先祖粗糠敝屣，不忘扶困襄弱；
期后昆宝马香车，犹需澡心浴德。

◎ 释义

回想先祖在创业之初，吃的是粗糠，穿的是补丁鞋子，却仍然忘不了扶危贫困，襄助弱小；期望后辈子孙即使是骑宝马、坐香车，也要保持身心清洁，沐浴在道德之中。

语出灵石王家树德院正窑廊联。

箕裘世业与三槐齐盛，
钟鼎家声共五桂并宏。

◎ 释义

三槐:相传,周代宫廷外有神槐三株,百官朝见天子之时,三公面对槐树而立,后世便以三槐代指三公一类官职。五桂:旧称进士登第为折桂,五桂是对亲族五人相继登科的总称。祖先的世代家业与三槐齐名,鼎盛繁荣的家声有五代共同宏远昌盛。

蔚家大院

语出山西汾阳蔚家大院砖雕联,蔚家大院位于汾阳市冀村镇东社村,创建者为蔚官年,也称蔚光年。蔚家大院为民国建筑,模仿了天津山西会馆,因此被称为"乡村里的山西会馆"。因其独特的建筑构造和壮观的木悬雕艺术,吸引了不少专家学者的目光,为汾阳市现存的唯一一座比较完整的民国住宅。

善无大小,
善无多少,
善无止境,
善不等待,
善不图报。

◎ 释义

做善事不分大小,也不分做得多或者是少,做善事是没有止境的,做善事也不能等待,而且做好事也不求回报。

语出河东李氏家训。李家大院，位于运城市以北38公里处的万荣县阎景村，创建于清道光年间，距今近200年。原有院落20组，现存11组，另有祠堂、花园等，共占地200余亩，建筑面积3.3万平方米。

和为贵，
义为先。

◎ 释义

万事以和为贵，做事情以义当先。

语出介休范毓宾。介休范氏以范毓宾时代最盛。范毓宾曾祖父范明，字琼标，明初自介休城迁居张原村。范毓宾祖父范永斗，明末时贸易起家，进出辽东，是当时八家大商人之一。

重祀典，建宗子。明嫡庶，正名分。
慎嗣续，详婚娶。守世业，厚本支。

◎ 释义

重祀典，就是要按照礼法祭祀先祖。这一条做不到是要受惩罚的。建宗子，就是要像过去皇家确立太子那样，确定家族的接班人，由他来主持祭祀等事。这一条还确定了宗子的选择方法，一般都是要定长房长孙。明嫡庶，这一条可以说是过去的老宗法，就是要明确嫡子和庶子的分别，不能僭越，家族不能让庶子传家。正名分，这一条主要是为了明确辈分，即使宗族内辈分高的人年纪小，年纪大的辈分低的人也要以长辈礼对待。慎嗣续，这一条和明嫡庶很相近，意思是慎选传家人，不能随意选择庶子，选择外姓人等。详婚娶，这一条主要是告诫族人，不能与同姓结婚。守世业，就是要重视先辈留下的产业、遗物，不能丢弃。厚本支，就是宗族之内要互相扶助。

语出山西洪洞刘氏家训。

诚信，勤谨。

◎ 释义

把"诚信"作为经商准则，做到货真价实、童叟无欺；把"勤谨"作为生活准则，做到勤俭持家、治家有方。

语出五寨李氏家训。

不准唯利是图，不准生活奢侈；
不准经商弃农，不准纳妾娶小；
不准蔑视贫贱，不准子弟不经本店熏陶外出从业。

语出崞县张氏家规。崞县大阳村张铭，于清同治十三年（1874年）开办恒德店，经营粮业。恒德店一直持续到民国十四年（1925年）。张铭之子张国梁持儒家诚信、关公忠义为理念，制定了家规"六不准"。

千秋事业原非易，
万代根基由来深。

◎ 释义

百年来艰辛所创家业得来不易，后代要珍惜和传承。

语出祁县渠家。

门第从来称绍衣，
克绳祖武庶其几。
莫言令德光昭易，
守得义训世依依。

◎ 释义

绍衣出自《书·康诰》："今民将在只遹乃文考，绍闻衣德言。"后以"绍衣"为典故，谓承继旧闻善事，奉行先人之德化教言。《孔传》："今治民将在敬循汝文德之父，继其所闻，服行其德言，以为政教。"克绳祖武：克，能够。绳，按照、看齐（像准绳的说法），语出《诗经·大雅·下武》："昭兹来许，绳其祖武。"能像祖宗一样彪悍，后比喻能够继承祖先的功业。令德：美德。出自《左传·襄公二十四年》："子产寓书于子西，以告宣子曰：'子为晋国，四邻诸侯不闻令德，而闻重币，侨也惑之。'"也指有高尚道德的人。 光昭：照耀。彰明显扬，发扬光大。此训旨在借家族已有的辉煌，教育子孙恪守祖训，要多行善举以光耀门庭、荣耀家声。

语出灵石王家大院红门堡外大照壁上的七绝。

静对众生窥色相，
安济群氓摄声闻。

◎ 释义

众生：语出《礼记·祭义》："众生必死，死必归土。"佛教指一切有生命的东西，现泛指一切生物（多指普通人）。色相：亦作"色象"。一切物质显现于外可以眼见的形象。指万物的形貌。安济：语出宋代洪迈《夷坚乙志·宋固杀人报》："时大观四年，朝廷方行安济法，若有病者，则里正当任责。"指安抚救济。群氓：指卑贱的或社会地位低下的阶层。后泛指众民。声闻：指听闻佛陀声教，也就是说，生活要异常节俭，有钱也不奢侈，要以佛家的心态对待生活。

语出孝义白壁关村晋商侯氏教育子孙联语。

绵世泽无如积德，
振家声还是读书。

◎ 释义

世泽，是指祖先遗泽，具体是指地位、权势、财产等。家声，是指家族的名声。若想庇佑后人，只有积德行善最可靠；要想振兴家族名声，只有靠读书才能完成。

语出孝义司马村张家宅院石刻楹联。

斗筑拮据，二十余年，创之不易，守须万全。
阴雨叵测，侮余耽耽，牖户绸缪，日夕谨焉。
徙薪曲突，明烛几先，勿谓一星，势成燎原。
疏渠补漏，夏秋更专，勿谓一隙，蚁穴滔天。
曝晒蔬果，登屋相沿，最损瓦舍，切戒勿然。
僻兹一隅，水绕山环，鹪鹩一枝，茅屋数椽。
风雨可恃，俯仰托全，修齐敦睦，追根溯源。
和气致祥，家室绵延，世守而勿替，惟我子孙之贤。

皇城相府

皇城相府内城"斗筑居"为陈廷敬伯父陈昌言在明崇祯六年（1633年），为避战乱而建。依山就势，东高西低，巍峨壮观。城头最高处一角建有文昌阁，供奉着神话中的文昌帝君，另一头是春秋阁，供奉着手捧春秋的关云长，一文一武成为陈氏家族保佑平安祈求文运亨通的精神寄托。皇城相府的斗筑居，刻着陈昌言撰写的铭文，被视为垂训后人、保家保产之至理。其中有对家园的珍爱之情，也不乏做人的道理，贯穿着修身齐家、敦睦友邻及"勿以恶小而为之，勿以善小而不为"一类的实用哲学和传统文化。

父子箴

子孝父心宽,斯言诚为确,
不患父不慈,子贤亲自乐。
父母天地心,大小无厚薄,
大舜日夔夔,瞽叟亦允诺。

夫妇箴

夫以义为良,妇以顺为令,
和乐祯祥来,乖戾祸殃应。
举案必齐眉,如宾互相敬,
牝鸡一声鸣,三纲何由正。

方元换书"四箴碑"

泽州铁器——相府壹品

兄弟箴

兄须爱其弟，弟须敬其兄，
勿以纤毫利，伤此骨肉情。
周公赋棠棣，田氏感紫荆，
连枝复同气，妇言慎勿听。

朋友箴

损友敬而远，益友宜相亲，
所交在贤德，岂论富与贫。
君子淡若水，岁久情愈真，
小人口如蜜，转眼成仇人。

　　语出河东柳氏家规祖训。刻于沁水柳氏民居"中宪第"府院中的《四箴碑》上，由明代书法家方元换书写。内容是我国封建纲常的最好诠释，是先人对后人的耳提面命，可以令后人时时惕厉。

CHUSHI 处世

晋商的处世,有好共事、厚而精、宽胸襟、能办事、善结缘、高心气、靠得住等,其中,靠得住,是晋商处世的金字招牌。靠得住是一种素质,也是一种智慧。靠得住,才能被人信任,被人信任才能获得机会,有机会才能展现和锻炼自己的能力,有能力才能创造一番事业——这是一条生存与发展的必由之路,适用于任何时代。诚信为本、仁厚待人、以和为贵是晋商的处世哲学。

晋商家训 精编

刘丽萍 制印

寡欲清心能受苦，方为志士；
宽宏大量肯吃亏，不是痴人。

◎ 释义

节制无边的欲望，排除纷乱的杂念，不怕艰难困苦的人才能成为有志之士；气量宽厚宏大，不怕吃亏的人并不是傻瓜。

语出灵石王家。

灵石王家大夫第院

刻薄成家，理无久享；
伦常乖舛，立见消亡。

◎ 释义

如果是以刻薄成家立业，天理难容，也不可能长久地享受；伦常出现了错误，这个家庭就面临衰落。

语出《朱子家训》，祁县乔家以其为准则。

做事须循天是，
出言要顺人心。

规圆矩方 准平绳直 颉林作

◎ 释义

做事要遵循天道；说出去的话语要顺和人心。

语出祁县乔家。

规圆矩方，准平绳直；
祥云甘雨，丽日和风。

◎ 释义

做人做事要循规蹈矩，公平公正，那么境遇就会和风丽日，一帆风顺。

语出灵石王家大院"存厚堂"书院楹联。大院楹联中，书家在"矩"字上多加了一个点，并非笔误，而是意在告诉世人，要多一点规矩，才能正品立身，成就伟业。

世事如棋，让一步不为亏我；
心田似海，集百川方见容人。

◎ 释义

世间的事情就像下棋一样，能让一步，也不算是亏了自己；心田要像大海汇集千百条河流一样，才能显现出容人之量。

语出灵石王家大院红杏园正窑廊联语。

大事岂能清与静，
古贤终是异和同。

◎ 释义

做大事岂能贪图清闲与平静的生活；自古以来贤能的人终究是有迥异的性格和相同的德行操守。

语出太谷曹家大院中院内室联语。

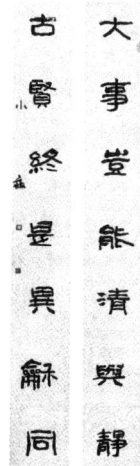

多言说不如慎细微；
博名声不如正心术。

◎ 释义

与其多言语，不如做事谨慎细处思考；博取好名声不如端正自己的心术。

语出祁县乔家庭训。

气忌躁，言忌浮，
才忌露，学忌满；
胆欲大，心欲小，
知欲圆，行欲方。

◎ 释义

气度忌讳急躁，言语忌讳浮夸，才学忌讳显露，学习忌讳自满，胆子要大，心要细，求知欲要旺盛，行为举止要方正。

语出祁县乔家乔致庸。

受荫祖先，须善言善行善德，
造福子孙，在勤学勤俭勤劳。

◎ 释义

想要得到祖先的荫庇恩德，必须言行一致；想要造福子孙后代，就要勤奋学习，勤劳节俭，艰苦劳作。

语出灵石王家大院子乔阁内联语。

天下事往往成于惧，而败于忽。
忽者，祸之门；惧者，福之源也。

◎ 释义

天下之事往往因为知道畏惧而成功，因为疏忽而失败；疏忽是祸端而起的源头；但是懂得敬畏才是福报的根本。

语出闻喜李氏家训。

江上枫林秋，江中秋水流。清晨惜分袂，秋日高同舟。芰潮洗渔浦，倾荷桃䍐。楼明半菊花热东洛汜。觞遊时在丙申春日 郭壮琴作

郭壮琴作

诸恶莫作，众善奉行，
永无恶曜加临，常有吉神拥护，
近报则在自己，远报则在儿孙。

◎ 释义

但凡坏事都不要做，奉行做好事的原则，久而久之，必定获得吉祥喜庆，这就是所谓的转祸为福，不但自己有福报，子孙后代也会有好报。

语出祁县渠氏家训。

福自己求，享受的方能享受，
财为人聚，宽容了要会宽容。

◎ 释义

幸福是自己追求来的，该享受的才能享受；财富是靠人气聚集起来的，要学会宽容待人。

语出大盛魁。大盛魁商号是清代山西人开办的对蒙贸易的最大商号，极盛时有员工六七千人，商队骆驼近二万头，活动地区包括喀尔喀四大部、科布多、乌里雅苏台、库伦恰克图、内蒙古各盟旗、新疆乌鲁木齐、库车、伊犁和俄国西伯利亚、莫斯科等地，其资本十分雄厚，声称其可用五十两重的银元宝，铺一条从库伦到北京的道路。

晋商家训

仁义贤孝，诚信公平，规圆矩方，平淮绳直，烹欲清心，能肯吃苦，方为志士，富贵须自我守心，但诗书传家，勤俭持家。

方为癖，让一步，永无崎岖；偕人富贵，须自守心。

经事如棋，偕让一步，永无崎岖处。

传家文事勤业，惟存厚德，言说不传家俗。

医药不如养性，积累富贵之难终。

细微之博，泽吾享者，是当念原来积累之难。

国诗书万卷，教子孙大事。

天下客义纳八方财。

满不溢德，十川无他，长有余，勿矜武经世。

率真礼俨行并不汾水，以重廉有清人纬。

说田似海集百川他方见客人勿矜世。

太谷晋家家训
灵石王家家训
祁县乔家家训

岁次丙申春 吴殿魁 书

晋商家训 吴殿魁 作

思怕先益后损，
威怕先紧后松。

◎ 释义

有了好的想法，就怕因刚开始容易而后遇到困难坚持不下去；建立个人的威信，就怕开始时严苛，到后面渐渐放松。

语出祁县乔家乔致庸。

事之首要，箴规为先。
始不箴规，后头难齐。

◎ 释义

但凡做事，首先要把劝告、规矩放在首要位置；如果开始不重视这些，后面的事情就会很难。

语出祁县乔家。

农工商贾，亦当立志，
凡所生理，如猫捕鼠，
如鸡抱卵，实心实意，
不肯放过，此立志也。

◎ 释义

农民、工人、商人都应当立志，凡是所做的事情，都应该像猫捕老鼠，像母鸡抱窝一样实心实意，一丝过错都不应当放过。

语出清代汪淇。此语亦在晋商中传播作为家训。

**守东平王格言，不外为善两字，
遵司马公家训，只在积德一端。**

◎ 释义

东平王：汉光武帝刘秀和阴丽华皇后所生的第二个儿子刘苍，即汉明帝刘庄的同母弟弟。史称刘苍自幼便好读经书，博学多才，汉明帝曾问他处家何等最乐，刘苍曾以"为善最乐"四字作答。将东平王的格言当做操守不外乎"为善"两个字；遵循司马光的家训，也最重要的是在积德。

语出灵石王家敦厚宅南厅联。

**听汾思波涛，天下惟心路须静；
望绵知崎岖，世上岂蜀道之难。**

◎ 释义

听汾河的湍流声，想到汹涌的波涛，要保持心静；看到绵山，道路崎岖，才知道这世上不只有蜀道才是最难走的。

语出灵石王家凝瑞居正厅联。

心清似兰,结有德之友,
志坚如石,弃无义之财。

◎ 释义
心思清静像兰花一样空幽,结交有德行的朋友;心志坚定如磐石一样,放弃不义之财。

语出灵石王家谦吉居南亭联。

穷不悖义达不离道惟盼箕风毕雨,
乐极生悲否极泰来但思皓月冰心。

◎ 释义
穷困时不违背道义,显达时不违背道德,只是顺应时势,乐极生悲、否极泰来的时候,也要一直保持高洁的品格和情操。

语出灵石王家司马院正窑廊联。

行言不易空言易，
处世无难了事难。

◎ 释义

不要说空话，既然说出就要做到，而且做事情要有始有终。

语出太谷孟家。
当时掌家孟洋亲自拟定并书写此联，悬挂于西院小过厅。

处世无才惟守拙，
容身有地不求宽。

◎ 释义

人生在世，要能守得住清贫，对待生活不能有高的奢望。

语出介休冀氏。

此心总要放平来，凡事须求过得去。

◎ 释义

不论做什么事情，都要求能善始善终；对待自己的心态，要求始终平和。

语出介休冀氏。

有猷有为有守，
多福多寿多男。

◎ 释义

有谋略、有作为、有操守，才能多福气、多寿元、多子嗣。

语出太谷赵家拔贡院联。此联据刘墉书迹木刻。刘墉为清代乾隆时期内阁学士，善书法，被世人称为"浓墨宰相"。

作官不可与同僚太近，
作商不可与同行太争。

◎ 释义

做官不能与自己的同僚走得过于亲近；经商不能与同行之间竞争得过于激烈。

语出祁县何家家训。祁县何家与乔家、渠家列为祁县三大巨族，称雄商界数百年。何家家族庞大，仅祁县城内何氏族人就拥有十余处宅院、千余间房屋，还有三座花园，在城外各村有土地百顷。何家在明代时期经商就颇具规模，是清以来城内的第二大财主，商号分布县内外，仅城内就有七大商号，即永聚祥、祥云集、晋昌源、天禄园、复清当、义生店、聚珍店。其中永聚祥茶庄和祥云集烟草是当时晋商同行业的领军者。

◀ 仁中取利 义内求财 刘一笑作

处世让一步为高,退步即进步张本;
待人宽一分是福,利人是利己根本。

◎ 释义

做人处世能让一步才是高明,退一步就是为了更好的进步;待人时能宽容一分就是福分,方便他人其实就是方便了自己。

此联语出自赵铁山自撰联语。

仁中取利,
义内求财。

◎ 释义

做生意经营买卖要讲求仁义。

语出河东李氏。

李家大院,位于运城市以北38公里处的万荣县闫景村,创建于清道光年间,距今近200年。李家大院的李氏宗祠里悬挂着的李氏家训,共有16条内容:敬祖先,孝父母,和兄弟,教子孙,睦宗族,和亲邻,守国法,勤力作,务农业,去奢侈,出异端,禁赌博,禁吸毒,正人伦,慎婚配,行善道。

以家国发展为己任。

语出祁县渠本翘。渠本翘,山西票号业中著名资本家,世以经商为

◀ 开拓进取 诚实守义 赵建中 作

业。到其父辈一代，渠家已经成为全省闻名的富商巨贾，山西最早的实业家。自清初，渠家以在包头经营菜园起家，到乾隆、嘉庆年间，从南方采办砖茶等商品，并远销西北、蒙古、俄国，成为经营多种商品和钱业的巨商，其父渠源浈人称"旺财主"。渠氏虽然子承父业，然而由于他所处的特殊的时代，家国命运的互相交织，面对内忧外患的社会环境，渠本翘并没有像父辈一样继续他的票号和其他商店的生意，而是在积极地寻求实业救国之路。渠本翘作为山西政界、商界名流在倡导实业救国的同时，关心文化教育的发展。他重视科学文化，注重从传统思想文化中寻求民族思想文化，并在"时事不可为"的现实中，坚持教育兴邦，积极地兴办学校。与传统晋商相比，渠本翘算是那个时代的新晋商。

书有鱼传人咫尺，
门惟爵到地清高。

◎ 释义

鱼传：即鱼传尺素，指传递书信。鱼传尺素并不是说在活鱼的肚子里塞入书信，而是说将信放入鱼形的盛信匣中，古时舟车劳顿，信件很容易损坏，古人便将信件放入匣子中，再将信匣刻成鱼形，美观而又方便携带。此句意为传家有道，门第高清。

语出刘笃敬。刘笃敬，清光绪乙亥科举人，曾在京师担任刑部主事，亦是一位颇有见识和魄力的晋商。刘笃敬出生在太平县一个非常有影响的大家族，他领导支持了山西历史上著名的"争矿运动"，有力地维护了山西的利益和中华民族的尊严；他开创了山西煤炭、电力工业和铁路交通发展的先河，是山西近代工业的奠基者；他参与支持早期革命，捐资兴办近代教育，为山西的教育文化事业做出了贡献；《山西通史》卷六《人物志》称赞刘笃敬"不愧为近代山西民族资产阶级的楷模"。

虽日久为亳人，但世代永与山西人友好，不得反目。

语出亳州晋商陈家家谱。亳州制匾业系山西人独家经营。名声卓著的"陈家匾铺"创立于乾嘉时期，至今已有两百多年历史。至晚清时达到极盛，生产上有独特工艺，陈家所制之匾，永不褪色，成为享誉皖西北、豫东南、鲁西南地区的著名匾铺。

留余。

◎ 释义

留余文化倡导平衡共赢、因时而变、兼济天下、让利于民，浓缩了中国传统文化哲学的精髓。留余文化不仅是修身养性、为人处世、修齐治平的道德遵循，更是中华文化在化解矛盾、创造和谐的实践中形成的思想财富。它蕴含"全面、协调、可持续"之意，是道与术的统一、知与行的统一，凝聚着深刻的思想智慧。

语出河南巩义

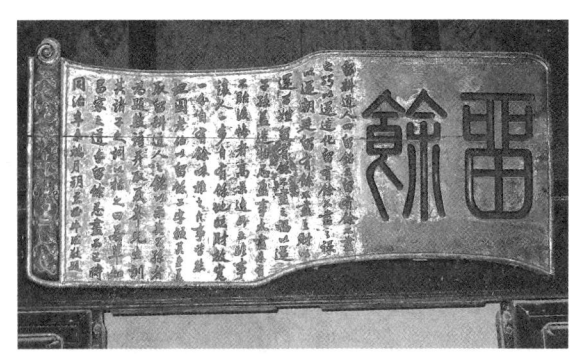

康百万庄园留余匾

晋商康百万庄园的一块"留余匾"。匾长1.65米，宽0.75米，用黄杨木雕刻而成，悬挂于康百万庄园主宅一座院子的主客厅内。此匾是清同治年间，康百万家族第十五代庄园主康坦园用来训示家中子弟的家训匾。明洪武七年，康守信随母由山西洪洞迁于巩县（今巩义），居住在桥西村。此后，繁荣兴盛400余年。匾中书法洒脱奔放，"留余"二字，以篆书写就稳健遒劲，正文通篇行书，其内容为同治年间翰林牛瑄所题。牛瑄和康家是老乡，书法很好，远近闻名。"留余匾"全文为：

　　留耕道人《四留铭》云：留有余，不尽之巧以还造化；留有余，不尽之禄以还朝廷；留有余，不尽之财以还百姓；留有余，不尽之福以还子孙。盖造物忌盈，事太尽，未有不贻后悔者。高景逸所云："临事让人一步，自有余地；临财放宽一分，自有余味。"推之，凡事皆然。坦园老伯以"留余"二字颜其堂，盖取留耕道人之铭，以示其子孙者。为题数语，并取夏峰先生训其诸子之词以括之曰："若辈知昌家之道乎？留余忌尽而已。"

　　　　　　　　　　时同治辛未端月朔愚侄牛瑄敬题

和致祥。

◎ 释义

"和致祥"即"和气致祥"，对人谦和可以带来吉祥。语出东汉班固《汉书·刘向传》："和气致祥，乖气致异。"

语出祁县渠家"长裕川"西南院。

> 金玉其心，芝兰其室；
> 仁义为友，道德为师。

◎ 释义

做人要品质高洁，和高尚仁义的人做朋友，拜有道德的人为师。

语出祁县渠家。

> 慎俭德，学吃亏。

祁县渠家五进门的门楣上砖雕有"慎俭德"三字，背面则雕有"学吃亏"三字，表现了渠氏家族的处世哲理。

长裕川对联

祁县渠家门楣上的砖雕

纳川。

◎ 释义

胸怀宽广,要像大海一样可纳百川。

祁县渠家大院城堡门洞外正上方有"纳川"二字。

祁县渠家大院城堡

积善在身,犹长日加益而人不知也。(董仲舒)
为治不在多言,固力行何如耳。(申公明)
明者见远于未萌,智者避危于无形。(司马相如)
公卿大臣当用有经术、明于大谊者。(霍光)
庶民所以安其田里而无叹息仇恨之心者,政平讼理也。(汉宣帝)
狱者,天下之大命也。(路温舒)
有阴德者,必享其乐以及子孙。(夏侯胜)
贤而多财则损其志,愚而多财则益其过。(疏广)
凡治道,去其泰甚者耳。(黄霸)
律设大法,礼顺人情。(卓茂)
丈夫为志,穷当益坚,老当益壮。(马援)
常观富贵之家禄位重叠,犹再实之木其根必伤。(马太后)
以身教者从,以言教者讼。(第五伦)

国以简贤为务,贤以孝行为先,是以求忠臣必于孝子之门,忠孝之人持心近厚,锻炼之吏持心近薄。(韦彪)

说经者传先师之言,非从己出。(鲁丕)

盛名之下其实难副。(李固)

经师易遇人师难遭。(魏昭)

嫁娶之礼俭,则婚者以时矣;丧祭之礼约,则终者掩藏矣。(马融)

太谷曹家三多堂有一座象骨包边大理石镶嵌的百寿大屏风,屏风的中央则是清代大学士祁寯藻辑录两汉时期18位思想家、文学家、军事家以及明君贤臣的18条名言警句,这些闪烁着熠熠光彩的金粉阴文法帖,在大屏风上很好地保留了100多年,以其独有的教化功能和艺术感染力,向世人宣讲着治国安邦、处世待人的方法和道理。

太谷曹家三多堂象骨包边大理石镶嵌的百寿大屏风

治学
ZHIXUE

　　晋商的治学与家族的发展有密切的关系,身体力行、严格育子、以儒治商、以学兴商是晋商的治学之道。晋商家族世代恪守"学而优则贾"的家训,世代重视教育,对家庭发展、推崇传统道德伦理、训导商业信条,不仅聘请名儒授课,而且家塾中藏书丰富。除家塾之外,晋商家族还兴办义塾,招收族内贫寒子弟入学读书,有的也惠及社会乡民子弟。晋商很注重对子孙尊师重道的培养,待老师为上宾,并身体力行,主家常常手不释卷,沉醉于诗书词曲之中,为子孙营造一个良好的人文环境和学习环境,不仅使子孙们在自己的潜移默化中"蓬生麻中,不扶自直",而且极大地提高了老师的威望和影响,有利于教师传道、授业、解惑作用的发挥,更好地提高子孙的文化水平和教育素质。发达以后的晋商子弟几乎全部受过良好的儒学教育。晋商大族以经商为荣,将最好的儒学子弟首先送往商界,把儒家"诚信""仁义""忠恕"等理念引入到商业活动中,实现儒商相长。

芦思白 制印

浩溥旁通，诗书上不许俭；
雍容儒雅，衣食边只要勤。

◎ 释义

读书要广博、融会贯通，在读书上要舍得花钱，在风度上要落落大方，从容不迫，气度上温文尔雅，但在穿衣吃饭上要勤俭节约。

语出榆次常家庄园雍和堂大门联。这是常麟书写在雍和堂大门的楹联。常麟书是清光绪十七年（1891年）举人，二十九年（1903年）进士，是常家养和堂的第一代掌门，一生不践官场，主张教育救国，是三晋著名的学者、教育家。

书中有书，尽信书不如无书；
理外无理，唯守礼是为有礼。

◎ 释义

书中有能使人悟世的道理，如果只是死读书、读死书还不如不读书；做人处世的道理除了正理之外，没有其他道理可言，唯有遵循礼节道德规范，才算是有道理。

语出榆次常家庄园养和堂联。

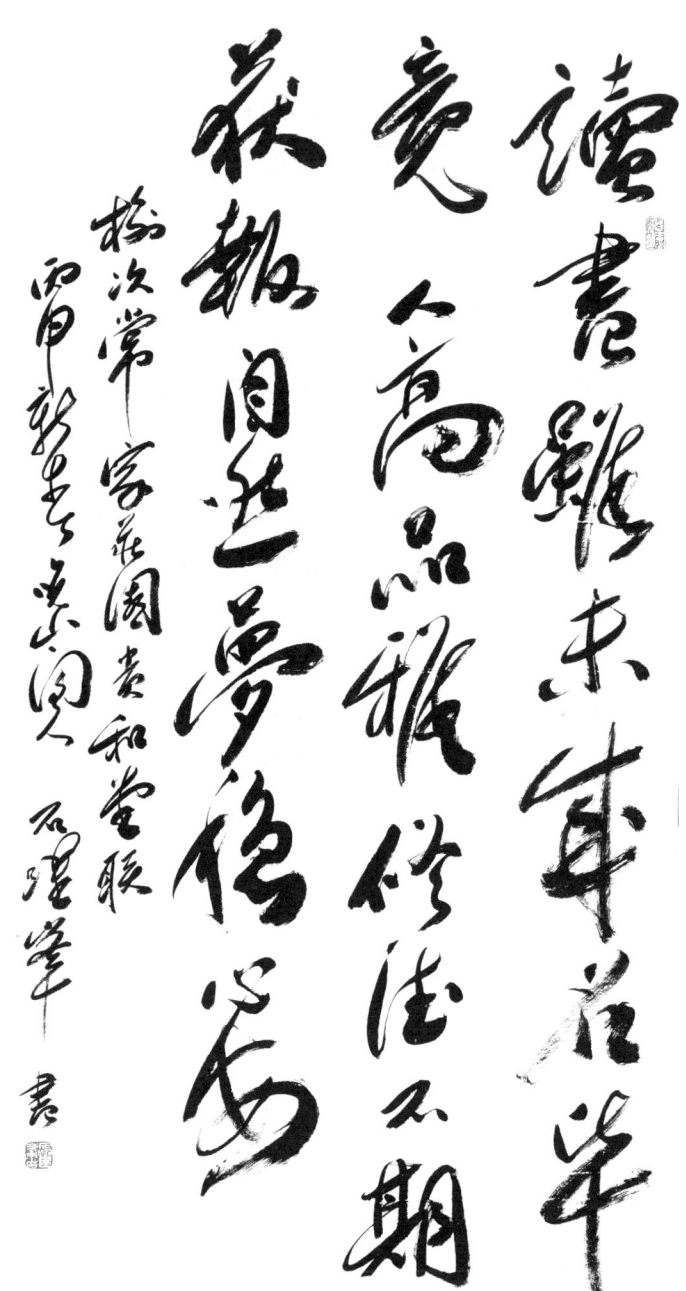

读书虽未成名毕竟人高品雅 修德不期获报自然梦稳心安 石耀峰 作

读书虽未成名，毕竟人高品雅；
修德不期获报，自然梦稳心安。

◎ 释义

读书虽然没有金榜题名天下皆知，但是却能使人的品德高雅；修养道德并不是希望得到报答，自然睡觉安稳，心也安定。

语出榆次常家庄园贵和堂联。

有功名富贵固佳，
无道德文章则俗。

◎ 释义

有功名富贵当然好，但是如果缺乏道德修养终究还是低俗。

语出祁县乔家家训。

仿圣贤行为方能滋品，
读儒雅文集足可养心。

◎ 释义

学习品德智慧高尚的人的行为处世，才能修养自己的品格节操；读好的著作文集，足可以涵养自己的心志。

语出榆次常家庄园客院影壁联。

敏德以为行上，
本立而可道生。

◎ 释义

把聪慧的品德作为立身行道的根本，就能达到很高境界。

语出端方题乔家大院在中堂院孔夫子之位联语。

读书好经商亦好，学好便好；
创业难守成亦难，知难不难。

◎ 释义

读书、经商、做人都要学好；创业难、守成也难，明白难就不难。

语出清代文学家吴敬梓撰联。在《儒林外史》第二十二回中："读书好，耕田好，学好便好；创业难，守成难，知难不难。"介休侯家及晋商诸家都仿照此联悬挂门墙。

胸藏丘壑，瘠地亦有韵味诗味；
兴寄烟霞，僻乡岂无花香墨香。

◎ 释义

胸有大志，即使在贫穷的地方也觉得有诗有韵；性情中人，在贫瘠偏僻的地方也有诗书画意。

语出灵石王家大院直方院正窑廊联。

纬武经文，勋业偕绵峰而永峙；
敦诗说礼，儒行并汾水以长清。

◎ 释义

能文能武，功业与绵山永远并存。笃信和喜爱《诗》《礼》，符合儒家道德规范的行为会和汾河水一样源远流长。

语出灵石王家大院敦厚宅正厅外联。

好书悟后三更月，
良友来时四座春。

◎ 释义

读好书开悟时心里如同三更天的月亮一样明亮；好朋友来时氛围

錄晉商家訓聯

雲龍盛標為時棟
辰象中合仰德華

京毅書之

◀ 云龙盛标为时栋 辰象中合仰德华 王京毅 作

如同春天的气息。

语出太谷赵家拔贡院联。此联据刘墉书迹木刻。

养成大度方为贵，
学到痴愚便是贤。

◎ 释义

修养成宏大的气度才是可贵；学习至入迷便是贤达。

语出沁水柳氏宅院联。

云龙盛标为时栋，
辰象中合仰德华。

◎ 释义

要像云中腾飞的巨龙一样树立好榜样，成为时代的栋梁；要像日月星辰运行一样把好的道德传承下去。

语出太谷曹家东院门楼联。

小筑地三弓有池有竹有鱼，如悟须弥归芥子；
高螟楼百尺宜弈宜诗宜酒，更锄明月补梅花。

◎ 释义

"弓"为旧时地亩测量单位,《新华词典》解释说"一弓等于五尺"。1989年编印本《辞海》说:"一弓合1.6米。"三弓小地有池塘、有翠竹、有鱼儿,仿佛能领悟到诸相非真、大道归真的佛家道理;百尺高楼,宜下棋、宜作诗、宜和诗品酒,最主要的是陶情励志。

语出太谷曹家。

> 闲来登山临水,何其趣也;
> 静以读书评画,不亦乐乎。

◎ 释义

休闲时,登山临水领略自然风光是何等的有趣;闲静时,读书、评画,沉浸在书画中的意境也是很快乐的。

语出太古曹家三多堂主人曹润堂,这副悬于中院楼的门联是其心态的写照。

> 春秋风月共欣赏,
> 左右图书结古欢。

◎ 释义

一年四季的美好景色应当共同赏析;通过读满室的书籍卷册可以

欣然结交古人。

语出太谷孟家东院大厅门联。

**天道无私用力须从根本处，
圣言可畏求安只在隐微中。**

◎ 释义

大自然的规律是无私的，因此人们做事要从根本处着手；圣人的言论是令人敬畏的，所以欲求平安要从细小处做起。

语出灵石王家直方大院南厅联。

**束身以圭观物以镜，
种德若树养心若鱼。**

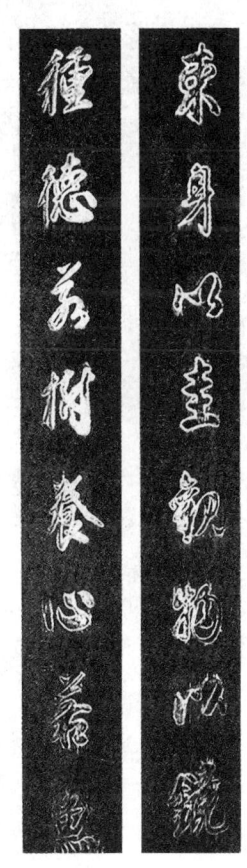

◎ 释义

约束自身符合道德准则，观察事物要眼明心似镜；培养德行就像种树一样，修养身心像鱼儿一样自在。

语出灵石王家桂馨书院联。

◀常美娟 作

何物动人，二月杏花八月桂；
有谁催我，三更灯火五更鸡。

◎ 释义

上联是以景物隐指科举的春试和秋试。封建制度下，金榜题名、蟾宫折桂几乎是每个读书人改变命运、跻身仕途、光宗耀祖的唯一出路。下联是说在无人督促的情况下，也会自觉争分夺秒刻苦攻读。宅院主人选用此联语作为自家宅院的大门联，可见读书上进的良苦用心。

平遥城内新堡街的民居

此联语是平遥城内新堡街的一民居联。语出清朝大学士彭元瑞，是其励志勤学、自题自勉的一副对联。

万卷诗书四时苦读一朝悟，
十年寒窗三更灯火五更明。

◎ 释义

万卷诗书，常年四季手不释卷苦读，总有一天能领悟其中的道理；十年寒窗苦读，彻夜挑灯到五更时分终会眼明心亮。

语出灵石王家桂馨书院联。

写书竹简拈鲜碧，
临帖藤笺搨硬黄。

◎ 释义

鲜碧：形容竹子修长美好。左思《吴都赋》：其竹"檀栾蝉蜎，玉润碧鲜。"藤笺：藤，可以造纸。笺，原指条形小竹片，这里引申为精美的纸片。搨，同拓，摹写，影摹。硬黄：古纸名，唐宋时最为流行，用以写经和临摹古帖，以黄檗和蜡涂染，质坚韧而莹澈透明，以其色黄而利于久藏。此句意思是提笔在玉润碧鲜的竹简上写字，显示文人雅士挥毫染翰的风度。用精美的藤笺、硬黄纸临摹和拓写古人笔迹，表现古色古香的韵味。教育子弟要勤奋治学。

语出灵石王家养正书塾联。

染成绿萼初华好觉暗香入室，
偶得古人精册较胜春风在庭。

◎ 释义

刚刚染上绿萼的花朵初开，好像觉得有暗香飘入书室，偶然得到前人的好书，胜过和煦春风吹过庭院。

语出灵石王家养正书塾联。

晋邑顽童皆知日，
山左夫子未称师。

◎ 释义

山东的孔夫子都不敢说自己什么都懂。每个人都应当不断学习，不断进取，同时还要相互学习，取长补短。

语出蔚泰厚票号总经理毛鸿翙。相传是他本人信口说出，由友人执笔而成，后由人做成楹联挂于蔚泰厚票号中厅。

读书滋味长。
百年树人。

语出祁县乔家书院。书院里二百多年的老树上，挂着"读书滋味长"和"百年树人"的牌匾。所有这些，都是为了强调读书、渲染读书气氛。

步云桥瞻月宫，兰芳居内赏叠翠；
探西山汲古髓，养精舍外铸灵章。

◎ 释义

云桥：传说中天河上彩云搭成的桥。西山：典出西山访贤。精舍：最初指儒家讲学的学社，后来也指出家人修炼的场所。灵章：指道教的经典。登上云桥才能瞻看月宫，在兰芳居院子里可以欣赏浓郁的青翠；出去探访知识渊博的人，吸取古人的精髓，才能写出更好的文章。

语出灵石王家兰芳居联。

砺志扶犁耕地，但下种多有收获；
闲来把卷问天，虽深居不为井蛙。

灵石王家松竹院大门

◎ 释义

磨砺意志扶犁耕地，只要种下种子就会有收获；闲暇时读书，即便深居简出，也不会如井底之蛙。

语出灵石王家缥缃居正窑廊联。

学有渊源庭刊嘉树，
居无尘杂阁明照藜。

◎ 释义

学识渊博的人，就像是家学渊源，子弟成才，窗明几净，秉烛勤读中修剪整齐的树木一样，居住之所没有尘世的杂乱，在书房中也可以挑灯夜读。

语出灵石王家松竹院大门联。

入户访家声诗书礼乐，
登堂觇视履温厚和平。

◎ 释义

拜访别人要知书达理，和别人交谈时态度要平和温厚。

语出太谷赵家拔贡院联。此联为傅山所书，乃木刻精制。赵家是隐儒于商的大家，太谷城中晋商四大家族之一。

读书未许佟无用，
为善何妨是有心。

◎ 释义

不要为读书而读书，不要为行善而做善事。

语出介休冀氏。

静里每思平日过，
闲时补读少年书。

◎ 释义

静下心来要想想平日里有什么过失；闲暇时分要把少年时期没读

静里每思平日过 闲时补读少年书 李贵频 作

过的书读一读。

语出太谷孟家西院后楼门联。太谷孟家是亦官亦商的大家。

慎厥修以永图，敦诗说礼；
积之厚而远耀，翼子贻孙。

◎ 释义

慎厥修以永：出自《尚书·皋陶谟》，意为长治久安而真诚修身。敦诗说礼：敦，敦厚。诗，《诗经》。诚恳地学《诗》，大力讲《礼》。要按照《诗经》温柔敦厚的精神和古礼的规定办事。

语出晋商民居。

百年燕翼惟修德，
万里鹏程在读书。

◎ 释义

深谋远虑、荣昌子孙以长久发展，唯有修养品德；锦绣前程的根本，还是在于读书学习。

语出祁县乔家。

◀ 走出大山 刘静平 作

万卷藏书宜子弟，
诸峰罗列似儿孙。

◎ 释义

诸峰罗列似儿孙：杜甫一生一共写过三首题为《望岳》的诗，此为第二首《望岳》中诗句。此训意在不仅要努力学习，读万卷书，还要行万里路，登高望远。

语出太谷曹家。原为杜甫所作，后到清朝左宗棠时，把联语当做自己读书的自勉联。

宽宏坦荡，福臻家常裕；
温厚和平，荣久族必昌。

◎ 释义

心胸宽宏坦荡，福至运达，家族时常富裕；性情温厚和平，荣耀久长，后辈必定昌盛。

语出祁县乔家。

宅以德安，敢云十室有忠信；
里由人美，唯期百世尽孝贤。

◎ 释义

家有德行,家族中才有忠信之人;地方上有好的民风,才会代代出贤孝之士。

语出明清时期河津樊村。

广集群书,育贤才而治国;
益施妙药,备参术以活人。

◎ 释义

广泛地搜集各种书籍,培育贤能之人才可以很好地治理国家;布施灵丹妙药,预备高超的医术和好的药材随时准备治病救人。

语出河津樊村广益堂书药局。昔日河津樊村曾有二百多家店铺商号,几乎店店挂楹联,年年贴春联,晋商广益堂书药局就是其中的佼佼者。如:"广集群书,育贤才而治国;益施妙药,备参术以活人""良药千包,不如半服清凉散;醇醪百醉,难比一味太和汤""广交英俊凭经史;益寿延年在参术",这三副楹联运用嵌名等修辞手法,高度概括了晋商广益堂药店的特色。

著书已括金楼子,
汲古常携玉带生。

◎ 释义

《金楼子》是南北朝梁元帝萧绎撰写的一部重要书籍;玉带生是

古砚名,为宋末文天祥所藏端砚,后归谢翱。入元又归杨维桢,以砚有白纹如玉带,名为"玉带生"。读书、写字、做学问的时候要博广通古,深刻钻研。

语出榆次常家的石芸轩书院大门联。

精神到处文章老,
学问深时意气平。

◎ 释义

无论是做文章,还是做学问,到了精深的程度就能称得上是高尚了。学识越渊博做人反而就越低调。

语出榆次常家的石芸轩书院院中联。

仁为美。

◎ 释义

把仁德当成是美德。

语出保德县马家滩马家治家格言。保德县马家发迹于清光绪年间。创始人马同舟一字不识,却颇有抱负。原以跑河路扳船为业,维持生计。后从陕西府谷县一个将倒闭的小杂货店赊了一些架底作为资本;"跑口外"经营甘草,成立协义兴商号。民国初期,其子马玉珠接替马同舟,扩大经营范围,以"仁为美"为家训。

崇俭、耐劳、进取、爱群。

祁县渠家出于对文化的重视，和对社会的责任感，于1919年初开办了竞新学校。当时祁县乃至山西全省的小学教育情况相当落后，虽然学校的名称已由学堂改为学校，但只是徒有虚名，老师大部分由原来的私塾先生充任，他们只知旧书，不懂新学，甚至不会用阿拉伯数字做演算题。渠仁甫决定用新的理念来创办学校，即聘请新式教员，使用新式课程，培养德智体全面发展的新型学生。竞新小学的校训"崇俭、耐劳、进取、爱群"就明确显示了他的办学方针。

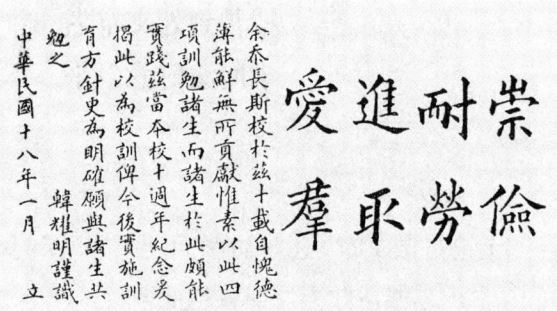

祁县渠家开办的竞新小学校训

敬教劝学。

祁县渠家竞新学校从1933年高十班起，全县高级班毕业生开始举行会考。会考后，其成绩均在县衙

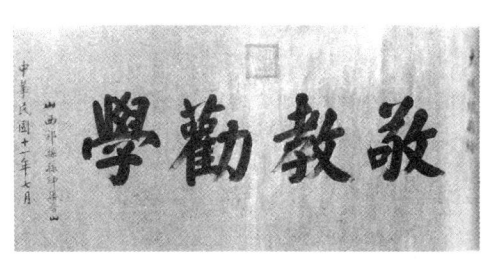

民国黎元洪亲笔题写的"敬教劝学"横幅

门前掩壁上发榜公布。每年会考，榜上前几名都是竞新学校的学生。尤其是1936年的会考，全县前十名学生中前九名都是竞新学校的，参加会考的高十三班学生，其成绩都在甲等行列里。该校很快以师资高、校风好、校规严、设备全、成绩优闻名于三晋大地，多次受到县、省各级政府的嘉奖，并两次受到民国中央政府的嘉奖，民国十一年（1922年），黎元洪亲笔题写"敬教劝学"横幅奖状。学校也以"敬教劝学"为训，努力办学。

渠仁甫创办的祁县私立"竞新小学"

诗书于我为曲蘖，
　嗜好与俗殊酸碱。

◎ 释义

此联出自《尚书》，说明人生志向，要爱好诗书。

此为太谷名家赵铁山为渠仁甫书写的对联。赵铁山与渠仁甫均为晋中巨商，又都是文人学子，年龄也相近，相互敬重，来往甚密。两人还是姻亲关系，渠仁甫是祁县乔家的女婿，赵铁山的姑母嫁到祁县乔家。1916年，在祁县乔家堡"知昨非今是斋"相遇，渠仁甫请赵铁山为其作对联，由于两人关系不一般，赵铁山为他作书时非常用心，件件有特

赵铁山为渠仁甫作的隶书对联

点，件件是精品，此联便是其一。此联是仿清代山西著名金石家杨笃（秋湄）的汉分笔意，俏拔秀丽。此联的内容和书法，渠仁甫特别喜爱，复制成对联木刻，挂于室中，视为治学格言。现存于乔家大院。

> 于书无所不读，
> 凡物皆有可观。
> 俯仰无愧天地，
> 褒贬有待春秋。

◎ 释义

博览群书，增广见闻。好事只要对得起天地良心，褒贬自有后人评说。

语出祁县渠家五进院正房渠仁甫藏书楼。

> 诗书皆雅言。

语出榆次常家匾额。

榆次常家匾额

> 纪得华园维书香，
> 匣剑亦曾凌汉光。
> 文事武备兼济美，
> 为迎善举致其祥。

◎ 释义

努力为学,光大门庭,成人才辈出的书香门第。

语出灵石王家大院红门堡外大照壁。

兴学彰教。

明清时期孝义晋商宋家开启重教传统,在宋家庄代代相承,绵延不绝。民国四年(1915年),宋家庄对村中小学进行了修葺。宋家庄西门门楼下壁间,嵌有一块石碑,碑文由汾阳张钟藻撰写,起首这样写道:"无教育不可以立国,无教育不可以培养国民。乡村之设小学校,其先务也。"

> 山光照槛水绕廊,舞雩归咏春风香。
> 好鸟枝头亦朋友,落花水面皆文章。
> 近床赖有短檠在,来对读书功更倍。
> 读书之乐乐何如,绿满窗前草不除。

◎ 释义

春风吹拂,流水淙淙,鸟鸣枝头,花落水面,翻读自己爱好之书,读书之乐,读书人心中自知。窗前的青草让它们自在地生长吧,留得窗前一片绿阴,鸟语花香伴着书香,一片天籁,情境融合。如果到了夏天,暑气天热,能否寻到读书之乐呢?

常家庄园八卦影壁春景图

语出常家庄园八卦影壁右内侧的春景图中的诗句。诗为宋元时期著名教育家、诗人翁森所作劝学诗《四时读书乐·春景书》。

新竹压檐桑四围,小斋幽敞明朱曦。
昼长吟罢蝉鸣树,夜深烬落萤入帏。
北窗高卧羲皇侣,只因素稔读书趣。
读书之乐乐无穷,瑶琴一曲来熏风。

常家庄园八卦影壁夏景图

◎ 释义

新长出来的竹子垂压着屋檐，屋子四周种满桑树。小书斋安静敞亮，射入灿烂的阳光。白天变长了，读完书以后，听听蝉儿在树上的鸣叫；夜晚读书时，灯花一节节落下，还有萤火虫飞入帷帐。只因为向来深知读书的乐趣，在北面的窗户下闲适地躺着，就像远古羲皇时代的人一样逍遥自在。读书的乐趣是无穷的，好比沐浴着煦暖的南风，用瑶琴来弹奏一曲。

语出常家庄园八卦影壁左内侧的夏景图中的诗句。诗为宋元时期著名教育家、诗人翁森所作劝学诗《四时读书乐·夏景书》。

庭前昨夜叶有声，篱豆花开蟋蟀鸣。
不觉商意满林薄，萧然万籁涵虚清。
诵记莫遣韶华老，人生唯有读书好。
读书之乐乐陶陶，起弄明月霜天高。

常家庄园八卦影壁秋景图

◎ 释义

昨天夜里,听到了庭前树叶落下的声音,篱笆上的紫豆花开了,蟋蟀在鸣叫。不知不觉,原野里已到处是秋天的气息,大自然的各种声音都含着冷清的意味,一片萧瑟的景象。床旁多亏有一盏矮灯,就着它读书的效果加倍地好。读书的乐趣很令人愉悦,好比在高远的秋夜里,起身来赏玩明月。

语出常家庄园八卦影壁右外侧的秋景图中的诗句。诗为宋元时期著名教育家、诗人翁森所作劝学诗《四时读书乐·秋景书》。

江空木落千崖枯,迥然吾亦见真吾。
坐对韦编灯动壁,高歌夜半雪压庐。
地炉茶鼎燃活火,一清足称读书者。
读书之乐何处寻,数点梅花天地心。

◎ 释义

树木凋零,江河干涸,群山枯槁;在这辽阔的天地间,正可以看清"真我"的本质。坐在那儿,展开书卷而读,灯光摇曳,映射在墙上,墙壁好像也跟着在晃动;高声朗读着图书,外面雪下得很大,半夜里,房顶全被积雪覆盖了。地上的火炉里,炭在燃烧,锅里正在煮着茶,就在四壁放满了图书的空间里读书。读书之乐到哪里去寻找?就在这寒天雪地,且看那几朵盛开的梅花,从中可以体会天地孕育万物之心。

常家庄园八卦影壁冬景图

语出常家庄园八卦影壁左外侧的冬景图中的诗句。诗为宋元时期著名教育家、诗人翁森所作劝学诗《四时读书乐·冬景书》。

甘棠枯于丰草，济济俊秀如长河；
荆萁树于中庭，莘莘学子化繁星。

◎ 释义

甘棠，指海棠，花开似锦，端庄婀娜，有"花妃"美称，也是美好和理想的象征。荆萁，即荆棘，花碎叶细，枝多棘刺，此处寓波折与坎坷。当甘棠般绚丽的花卉枯没于荒草萋萋的季节，正是人中俊秀们苦学求

常家广和堂正院花墙

进的时刻把荆棘般其貌不扬却象征人生艰难坎坷的植物种在庭院中，方能激励学子奋发向上的意志。唯有持坚忍不拔、持之以恒的毅力和精神，才会学有所成，如满天繁星般熠熠闪烁。

语出常家广和堂正院花墙。

士为国之宝，
儒为席上珍。

常家养和堂正院文字花墙

◎ 释义

读书人是国家的财富、栋梁之材，好比盛宴中珍馐般高雅珍稀。

语出常家养和堂正院文字花墙。此二句原载古代少儿启蒙读物《增广贤文》。古时读书人为士。至明清时，只有通过科举考试获取功名的读书人，才具有"士"的资格。儒，即儒生，古时读书人代称，其含义近似于"士"。

三坟五典却是日常家用，
四书五经原本济世文章。

◎ 释义

熟读传说中记载三皇五帝事迹的三坟五典，学好四书（大学、中庸、论语、孟子）和六经（诗、书、礼、易、乐、春秋），才能使家族兴旺、事业昌盛。

语出榆次常家体和堂正门内山墙。

常家体和堂正门内山墙

寄怀楚水云山外，
得意唐诗晋帖间。

◎ 释义

寄情于楚水云山之间，以流连于唐诗晋帖间为乐。

语出协同庆票号。

经商

JINGSHANG

晋商以其勤劳、智慧传承富裕文明,足迹遍华夏,声名振欧亚,影响之大,在中国、在亚洲甚至于世界商业史上都有一定的位置。晋商在其历史实践中,积累了宝贵的经商之道,留给后人丰富的经营宝训,是一笔恩泽后代的遗产。吃苦耐劳、不畏艰险的精神是晋商制胜的法宝;诚信经营、用人讲究是晋商不败的保证;做事精细,手段活泛是晋商成功的诀窍。概括起来说,晋商的商道就是"重商立业的人生观,诚信义利的价值观,艰苦奋斗的创业精神,同舟共济的协调思想",这种与传统伦理观念相伴的人生观,是山西商业发达的思想基础。

张艺兴 制印

以物相贸易，腐败而食之货勿留，无敢居贵。
论其有余不足，则知贵贱。
贵上极则反贱，贱下极则反贵。
贱买贵卖，加速周转。
贵出如粪土，贱取如珠玉。
财币欲其行如流水。
旱则资舟，水则资车。

◎ 释义

买卖货物，要注意其特点，那些容易腐烂的货物不要长时间囤积手中，要尽快脱手，切忌冒险囤居以求高价；

分析市场之供需情况，则可知物价之高低；

货物贵到一定程度则会便宜，便宜到一定程度则又会涨价；

低价买进高价卖出，加速资金和货物的周转流通；

在高价时要像抛弃粪土那样毫不可惜地抛出，要像重视珠玉那样重视降价的物品，在物价便宜时，要大量收进尽量存储起来；

资金要像流水一样地周转流通；

天气干旱，出现旱灾时应投资于舟船的收购、营造，当出现洪涝灾害时也不必都抢着去做船运的生意，而应投资于旱路行车的经营。

语出计然七策。计然是春秋时期著名的战略家、思想家和经济学家，计然并

计然

晋商家训 精编

晋商风范 魏傲枝作

不是其真实姓名，而是取善于计算运筹的意思。据说他是老子的弟子，博学多才，无所不通，尤长计算。《史记·货殖列传》记载范蠡曾经拜计然为师。

**畜牸者，堪为好也，因留子以为种。
恶者更换，不失本利。
坐畜驹犊，怀子孕者，盛也。**

◎ 释义

养殖业、畜牧业都应当留下好的品种进行繁殖，将不好的加以替换，这样就不会失掉本利，因为养马驹、犊崽和怀孕的牲畜，就可以繁盛起来。

语出猗顿商训。猗顿生于公元前480年，运城临猗县人。猗顿是其号，姓名与卒年代已无可考。他是我国战国初年著名的大手工业者和商人，对山西地区手工业和商业的发展起到很大的推动作用。

猗顿像

**欲长钱，取下谷，
长石斗，取上种。**

◎ 释义

如果为了省钱而买谷物自己吃，就买差一些的谷物；如果是为了做种子来年丰收，那就买上等的种子。

语出白圭。白圭，名丹，战国时人，曾在魏惠王初期任魏国相，后弃政从商。白圭从商选择农产品、农村手工业原料和产品的大宗贸易为主要经营方向，展现了其高远的眼光和把握时机的能力，并总结了一套经营理念。他主张经商必须"乐观时变"，采取"人弃我取，人取我与"的经营原则。他的商业理念在现在看来不过是一些很普通的常识，但在当时却是了不起的智慧。

白圭像

智不足于权变，勇不足以决断，
仁不能以取予，强不能有所守，
虽欲学吾术，终不告之矣。

◎ 释义

国家没有必行之事，那么信用就已经到头了；不注重声誉，那么名誉已经到头了；没有仁爱，亲情已经到头了；不能用人，又不能自己发愤图强，就是学到我教的本领，事功也已经到头了。

学而优则商。

◎ 释义

学习达到一定程度称为优等时才可以经商，或学习好的人则能从事商业。

《论语·子张》篇里有一句：子夏曰："仕而优则学，学而优则仕。"此处榆次常家家训是借用了论语这句话的原意，而把其中的对象变了，劝从商者有时间要坚持学习。

推车扁担开创三泰商号；
三泰商号经营推车扁担。

◎ 释义

太谷曹家自大院建立起后就在神祖阁供奉推车、扁担，意在教育后代子孙不忘先祖艰苦创业之本色。下联"经营推车扁担"并非指卖推车和扁担，而是以其创业精神经营家业。

语出太谷曹家大院神祖阁联语。

与肩挑贸易，勿占便宜；
见贫苦亲邻，须多温恤。

◎ 释义

与小贩们做生意时，不要占他们的便宜；看见穷苦的亲戚邻居，应当多帮助体贴他们。

语出明朝朱柏庐《治家格言》，祁县乔家乔致庸以其为准则。

绛州木版年画 二天门印制

准备充足，谨慎行事，
审时度势，稳步前进。
人弃我取，薄利多销，
锐意经营，出奇制胜。
货真价实，诚待顾客，
近悦往来，注意名誉。
小恩小让，不为己甚，
遇事忍让，恰到好处。
慎始慎终，知人善用，
金银往来，认真行事。

语出祁县乔家商训。

经商之道，首在得人；
振兴号务，端赖铺章。

◎ 释义

经商之道首先在于招揽人才；振兴商号业务要严格遵守号章号务。

语出祁县乔家商训。

善招天下客 义纳八方财 史彦鹏 作

不忘天良，不可要利。

◎ 释义

不能忘了天地良心；不能要不正当的利益。

语出河东万荣县李氏。

善招天下客，
义纳八方财。

◎ 释义

用仁善来招揽天下的客人；用仁义来吸纳八方的财富。

语出万荣县李氏。

货殖高贤义为本，
渔盐大隐诚作根。

◎ 释义

商人要以诚信作为根本。货殖：出自《论语·先进》："赐不受命，而货殖焉，亿则屡中。"谓经商营利。渔盐：出自《孟子·告子下》："胶鬲举于鱼盐之中。"卖鱼和盐的市场，泛指商场。

语出平遥雷履泰宅南厅联。

平遥雷履泰故居

子贡经商取利不忘义，
孟轲传教欲富必先仁。

◎ 释义

像子贡一样经商，取得利益不忘道义；像孟子一样传授道理，要想富必定要先讲仁义。

语出崞县张氏家训。

生财而有道，
行货而敦义。

◎ 释义

凭道义获取钱财，进行货物买卖要诚信厚道。

语出明代王瑶。王瑶，明代蒲州著名商人。其坚持生财而有道，行货而敦义。明弘治年间，王瑶便"贸易邓、裕、襄、陕间，而资益丰"，积累了一定的资财；到正德年间，"又行货张掖酒泉间""复货盐淮浙苏湖间，往返数年，资乃复丰"。王瑶的家族后来成为一个官商一体的大家族。

买卖不争毫厘，生意全凭信义。

◎ 释义

做买卖不必争夺毫厘之差，做生意最讲究的是"信"和"义"。

语出明万历年间灵石王氏家族十三世王炳然。

为富以仁。

◎ 释义

要把"仁"作为财富而拥有。

语出清代乾隆年间，永济县任阳村商人张沛。因其德才兼备，经营有道，远在兴安州（今陕西安康）做绸缎发财。为让儿孙后代懂得经

誠信為本
厚積薄發

丙申之春月 史建華書

◀ 诚信为本 厚积薄发 史建华 作

商之道,特地从安康运回大牌匾一面,悬挂厅房。上书"积善堂"三字,告诉子弟要"为富以仁"。

诚信为本,
厚积薄发。

◎ 释义

凡事以诚信为根本,只有准备得足够充分才能办好事情。

语出汾阳牛允宽家训。牛允宽(1870—1936年),本名牛映星,字允宽,汾阳县大南关人,清末民初著名的旅俄商人。他精通经营之道,又善于组织团结中外同仁,齐心协力搞事业,以经营大宗皮毛为业,在莫斯科、恰克图、库伦等地开设的贸易中心,统称"璧光发",对发展中俄、中蒙贸易有一定贡献。"厚积薄发"出自苏轼《稼说送张琥》。

庄稼搅买卖,
不发财才怪。

◎ 释义

把庄稼地中的产出和买卖商业联系起来一定会使财富增值。

语出汾阳蔚官年。

诚实为本，信誉第一。
昼夜营业，批零兼营。
服务周到，客户满意。

语出闻喜煮饼业诚意祥号。

名分须严，工资须宽，
做事须勤，小过须恕。

◎ 释义

不论什么名分都应该严格遵守，工资待遇应当适度放宽，做事情应当勤勉，小的过错可以宽恕。

语出河津通化村庞家家训。庞家自明代以永盛号白手起家、肩挑负贩创业立号起，经过几代人辛苦开拓，至20世纪30年代中期，家里的商业字号已遍及三晋。

轻重权衡千金日利，
中西汇兑一纸风行。

◎ 释义

权衡轻重一日有千金之利益，不论中西只要银两汇兑一张银票就能风行世界。

语出日升昌票号。联中强调仅以"一纸风行"的形式就开创了"千金日利"的商业奇迹，可见当年的票号之兴隆。下联中的"纸"在原联中多一点，意在写汇票多一点，票号的利润就会多一点。

障百川而东之，九府流泉资利赖；
是通国所宝也，三官平准试经纶。

◎ 释义

百川通票号的资本和利润像流泉一样生生不息，是整个国家重视的宝藏，所以能借助国家之力在全国大试身手。

语出祁县渠家百川通票号前院主楼门厅黑漆长联。联语巧妙地将

百川通票号

票号名字嵌入，海纳百川之意尽显其中，由此可见百川通票号当年之繁盛。此票号由祁县渠家于清咸丰十年（1860年）开设，号名取自渠家十四世祖渠同海（字百川），百川通票号23家分号遍布全国各地，为当时"十大票号"之一。

永远生涯财辐辏，
长存公道利丰亨。

◎ 释义

经商要持公道之心，生意才会亨通，财源才会广进。

语出平遥蔚丰厚票号。

九府泉货临机观变，
万家蘋藻握算持筹。

◎ 释义

全国的银钱货币要顺应时势，随机变化，和千家万户老百姓息息相关的生计，要运筹计算。

语出蔚泰厚票号的门柱联。"临机观变"与"握算持筹"道出了蔚泰厚票号的经营之道，这也是蔚字五联号取得成功的商业经验之一。

协力效陶朱,棹舸泛湖皆学问;
同心继端木,连骑结驷即经纶。

◎ 释义

协同庆票号所有人同心协力经营买卖,共同学习仿效范蠡、端木赐,就算是他们泛舟于湖上,纵马巡游列国也都是学问和经验,在商海中遨游,要不断进取。

语出协同庆票号正厅联。协同庆票号财东是榆次聂店王家和平遥县王智村米家,聘用曾在蔚泰厚票号学汇兑的刘庆和(字肃斋)及其同号好

协同庆票号

友孟子元为掌柜，于清咸丰六年（1856年）创立，总店在平遥南大街。协同庆票号最初资本仅3万6千两，比起当时资本少则十几万两多则二十几万两的大票号"以区区万金，崛起于咸丰末叶"，给山西的票号业添上了浓重的一笔。著名票号商者李宏龄认为，这是因为"得人独胜者，厥惟协同庆一业"。

> 长袖善舞，懋迁乐循理，
> 　瀚海畅游，货殖恒其德。

◎ 释义

善于经营的人做买卖时乐于遵循客观规律；在商海中畅游的商人们在使货物增值的经营活动中都要永守商业道德。

语出平遥蔚泰厚票号中厅联。联语是蔚字号票号的精神。讲求经营以人为本，只要有人才，无论是"懋迁""货殖"，还是其他事业中，都会取得成功。这是蔚字票号取得成功的重要经验之一。

> 众力聚英才知人则哲，
> 　一心共天位仰国之光。

语出协同庆票号门联。

长袖舞场中,币帛交通新世界;
盛名驰海外,丝纶展拓大舆图。

此联是长盛蔚货庄天津分庄砖刻藏头联,语意透出主人踌躇满志、拓展世界的胸襟,展示了长盛蔚昔日的辉煌。长盛蔚洋货庄开设于清光绪二十二年(1896年),曾将分庄开到莫斯科,是当时极有影响力的跨国商号,也是平遥古城内唯一的一家跨国贸易商行。商行由任宝灵、薛兆瑞共同出资开设。

上裕国富,富时取物困时典;
下济民急,急处当衣缓处赎。

◎ 释义

典当行业裕国利民,急需用钱时典物当衣,生活宽裕时可以赎回当初所当物品,是于国于民都有利的。

此联为汇源当正厅联。汇源当创办于清乾隆十八年(1753年),民国十八年(1929年)关门歇业,前后经营了176年。位于平遥城内西大街,是由平遥乔家山的乔鼎元开设,是清代平遥规模最大、信誉最好的当铺,现已改为平遥典当博物馆。平遥乔家山的乔家是由在外做官起家,后经五代,第五代乔鼎元开设当铺。

魁从五岳来，
泰自三阳开。

◎ 释义

魁首从五岳之气度而来，三阳开泰，好运亨通。

语出魁泰烟店生产厂房楹联，店名与上下联头字相同，是一副藏头联。

研求土货增声价，
崛起商场享利权。

◎ 释义

研发经营本土货物以增其声誉和身价，在商海中崛起就能享受其利益。

此联语据传是万荣李广权所作，表达了作者抵制外国资本入侵，力求本民族工业发展的思想。

位津要而掌财源万里，腰缠毕至；
感钱神以成砥柱千秋，宝载无虞。

◎ 释义

位于水陆枢纽之地，掌握财源，远在万里之遥的财富也可以聚集过来；商德感动财神，就可以成为商海的中流砥柱，千秋万年都可以拥有充足的财富，没什么可忧愁的了。

语出聊城山陕会馆财神殿楹柱联。联语既颂扬了神明，也反映出晋商尊崇信义的商业道德，祈求财神保佑，期望财源滚滚，世代拥有财富的信念和愿望。

公平交易，义中取财。

◎ 释义

做生意要公平公道，取得财富的过程要讲公义。

语出山陕会馆拜殿"悬鱼"联。所谓"悬鱼"，指的是拜殿中供的关羽神像前面悬写的联语。"公平交易，义中取财"这八个字无异于晋商每每拜神像时都要宣誓，做生意取财富都要公平公义。

无远不往无深不至，
其积如山其流如川。

◎ 释义

钱庄经营没有去不了的地方，没有达不到的目的；财富的积累像山一样高，资金流动像大川一般顺畅。

◀ 忠义千秋 杨苇作

语出吉生庆钱庄联语。吉生庆钱庄前身是榆次郭村王家开设的永生泰商号，1921年由大张义宋家接办，更名为吉生庆，是宋家鼎盛时期的"铁牌子"。

**生财存大道，
处世守中和。**

◎ 释义

做生意取得财富要符合仁义诚信的道德伦理，待人处世要遵守不偏不倚的和气之道。

语出协和信票号。协和信票号由榆次聂店村大财东王栋于清咸丰三年（1853年）在平遥南大街设立。

**大道生财德为本也，
通关易事庄以莅之。**

◎ 释义

只要遵循天道生成财富，以道德仁善为根本；就能在生意场上稳住脚跟。

此联为大德通票号联语。大德通票号是由祁县乔家在中堂创办，其前身是大德兴茶庄，在清咸丰年间时已兼营汇兑，到同治初年专营汇兑，在光绪十年（1884年）四月正式改名为大德通票号，总号设在祁县城内小东街。于1937年"七七事变"后总号迁往北京。

有恒有兴有德，仁和礼运；
无次无假无欺，信征义方。

语出恒兴德，创办于清咸丰年间，属于山西榆次聂店王家，是以经营绸缎花布为主的百货店。

细流渐积成沧海，
拳石频移作泰山。

◎ 释义

细小的水流只要孜孜不倦，逐渐就能汇成大海；微小的石头只要不停地积累，终能堆积成泰山一样的大山。

此联语出瑞隆裕麻铁店。瑞隆裕是榆次车辋常家于清道光年间开办的，以经营铁器和麻制品为主的老字号，在榆次享有盛誉。

店内不用三爷。

◎ 释义

店内不用少爷、姑爷和舅爷。

六必居酱园店设在北京，相传创自明朝中叶。挂在六必居店内的金字大匾，相传是明朝大学士严嵩题写。六必居原是山西临汾西杜村人赵存仁、赵存义、赵存礼兄弟开办的小店铺，专卖柴米油盐。俗话说："开门七件事：柴、米、油、盐、酱、醋、茶。"这七件是人们日常生活必不可少的。赵氏兄弟的小店铺，因为不卖茶，就起名六必居。前店柜台上多是山西临汾、襄汾县人。

> 早开门晚关门，
> 待客热情周到，
> 酒菜实实在在。

北京都一处烧麦馆，开业于清乾隆三年（1738年），创业人姓王，原籍山西。初为一席棚小酒店，在前门外大街路东鲜鱼口南。酒店以"早开门晚关门，待客热情周到，酒菜实实在在"为店风，所以买卖更是越做越好。赚钱后，于乾隆七年（1742年）盖了一间门面的小楼。经营品种有煮花生、玫瑰枣、马连肉、晾肉等小菜。到乾隆十七年（1752年），因皇帝赐名，又送一"虎头"匾而出名。同治年间又增添了烧麦，其特点是皮薄馅满，味道极好。

> 为商贾托天理常存心上，不瞒老不欺幼义取四方。
> 领东本遵号令监制茶货，逐宗事照旧规勤勤俭俭。
> 诸儿事切不可耗费浪荡，怕的是遭祸孽遗累子孙。

晋商 张翔洲 作

行水路走江湖跋涉艰难，勿华丽学素朴免惹盗窃。
晚早宿晨早行以防不测，水陆路遇生疏最忌相伴。
若同帮宜逊让务要尊敬，再不要非长幼着人说道。
为客商学谦和勿势欺良，俟进山逐款事安治齐备。
贪洋庄办口庄各事不同，若洋庄预先访全靠耳目。
勿碍滞生机见临时通变，或缓办或多贪自立主张。
制黑茶逐宗事慢慢张张，俟出乡归买茶取出真眼。
勿惜价贪便宜岂有好货，你纵是经练手不能哄他。
每日里十点眠五点即起，客出房合行人惊动急起。
或做工或做甚各执营干，平素日手摸胸细细思量。
勿倍工勿耽误可称老板，莫学那骄奢傲时新款样。
莫学那匪类事嫖赌嬉游，宗宗件照旧规真无走绽。
予自愧才学浅处世不明，尚不能与号中出类拔萃。
但愿的接事伙如同班相，尽其心竭其力正直端方。

这是《行商遗要》之《德行篇》，是晋商祁县渠家的号规。《行商遗要》，是祁县渠家长裕川茶庄遗留的办茶行商纪要。是经过长裕川茶庄几代办茶商人总结笔录而形成的文本。到民国年间，王载赓誊抄时，已是成文的书本了。可惜，这本《行商遗要》原书，早已失传了，只留下了王载赓的手抄孤本。不过，王载赓照抄不误，仍为我们留下了《行商遗要》的全部真实内容。

经营成本节约一分钱，
利润就会增加一分钱，
乍看没啥了不起，
日积月累就是大数字。

语出王廷相。王廷相，代县东章村人。其在大盛魁商号任大掌柜近半世纪，生意做遍大半个中国，并与外蒙、俄罗斯等国家的许多城市通商，使大盛魁成为当时归绥一带的特大商号。王廷相当掌柜，一直坚持勤俭治店，反对铺张浪费。

售物看清楚，
利轻仁义重。

◎ 释义

出售的货物要看清查明，做生意要把仁义看得比利益重。

语出繁峙原家商训。旧时商家标价多有暗码，自编字序代替十个数字。原家三泰和的暗码即是其商训"售物看清楚，利轻仁义重"。由此，也可看出三泰和轻利重义的营销理念和本分经商的品德。

人无我有，人有我全，
人贵我贱，人少我多。

◎ 释义

别人没有的我有，别人有的我这里的种类全，别人卖得贵我这里的便宜，别人的货物少，我这里的种类多而全。

语出繁峙原家商训。早年，繁峙县城三泰和商号为本县富户原家所有。其祖立定了"若要富，买卖带庄户"的发家理念，尝到了经商的甜头，也积累下了资金。在清道光二十五年(1846年)，原家原开文经商思路清晰明智，走"人无我有，人有我全，人贵我贱，人少我多"的经营路子，使三泰和顾客盈门，财源广进。

经商结交务存吃亏心，
酬酢务存退让心，
日用务存节俭心……
前人之愚，
断非后人智可及，忠厚留有余。

◎ 释义

经商和交友要有吃亏心，处理事情时要退一步，日常生活要节俭，前人的不足之处后人也不一定能做到，做人要忠厚留有余地。

语出保德县马家滩村张述贤家训。

不求厚利，但求好卖。
青山常在，绿水长流。

◎ 释义

不求厚重的利润,只求能够很好地卖出货品;"青山"如同信誉,"绿水"好比财源,信誉常在,财源才会长久。

语出保德县马家滩马家经商格言。保德马家这一朴素的生意之谈,其实提示了深刻的经营规律。其在日常经营中坚持了这么几条:一、秤平数准,买卖公平;二、数量足、质量好,尽量让客户称心如意;三、所销货物分等作价,价格公道,物有所值;四、礼貌待客,优质服务。马家的店铺不仅以和善待人、忠厚处世的品行影响带动着员工,而且还以严格的管理制度规范着员工的行为。

业精于勤。

◎ 释义

学业由于勤奋而精通。

"长裕川"西南院匾额

此语为渠家"长裕川"西南院匾额字。这句话出自韩愈《进学解》:"业精于勤,荒于嬉,行成于思,毁于随。"

**不用亲戚,
择优保荐,
破格提拔。**

"长裕川"茶庄

语出孝义白壁关村郑氏商训。"不用亲戚"是郑氏严格的管理制度，商铺不用东家的少爷、姑爷和舅爷，择优选择人才，实行"保荐"的担保制度，破格提拔优秀人才，打破常规，破格任用。晋商郑氏的商训三原则为其在恰克图商界立足奠定了良好的基础，使往后的经营牟得财富。

宁叫赔折腰，
不让客吃亏。

语出孝义大孝堡李氏商训。

以义制利，和则生财，
合作经营，赚钱靠德。

◎ 释义

凡事以义为先，利次之，和气生财，共同合作，凭借品德挣钱。

孝义晋商侯氏以此为基础，形成独特的经营理念。

振兴国酒，品优价廉，
信誉至上，优质为本，
决不以劣货欺世盗名。

民国时期晋裕汾酒公司股东合影

◎ 释义

这是20世纪20年代资深汾酒职业经理人杨得龄老先生为晋裕汾酒公司确定的经营理念。针对当时啤酒、葡萄酒、白兰地等洋酒大量进入中国提出的"汾酒理想"。在那个国力羸弱的时代,"振兴国货"是时代的呼唤、是民族的梦想,更是一个企业家义不容辞的责任和使命,而"振兴国酒"必然是"振兴国货"的一个题中之义。如果用现在的眼光来看,"振兴国酒,品优价廉,信誉至上,优质为本,决不以劣货欺世盗名。"这不仅是"中国酒业第一个企业核心理念",一个汾酒的"理想",更是一个汾酒的"中国梦"。

杨得龄

语出杨得龄,他是第一个提出"国酒"概念的人。这个"国酒"不是某个产品,而是泛指中国酒。

**东洋货百姓尚且抵制,
国之名酒岂能为外敌所用,
只可南销,不许北运。**

1937年抗日战争爆发,日寇铁蹄踏入山西省境时,时任晋裕汾酒公司总经理的杏花村汾酒老掌柜杨得龄专程前往杏花村对汾酒人做的一句重要交代。这是汾酒人的爱国情怀与民族气节。

山西杏花村汾酒厂
楊子九老先生于一九三三年
冬暢谈其釀酒秘诀特為文
刋于翌年海王旬刋第廿
期以補汾酒研究论文之
不足其秘诀是
人必得其精
麴必得其時
器必得其潔
火必得其緩
水必得其甘
高粱必得其实
缸必得其湿
方心芳 为纪念汾酒研究五十週年书

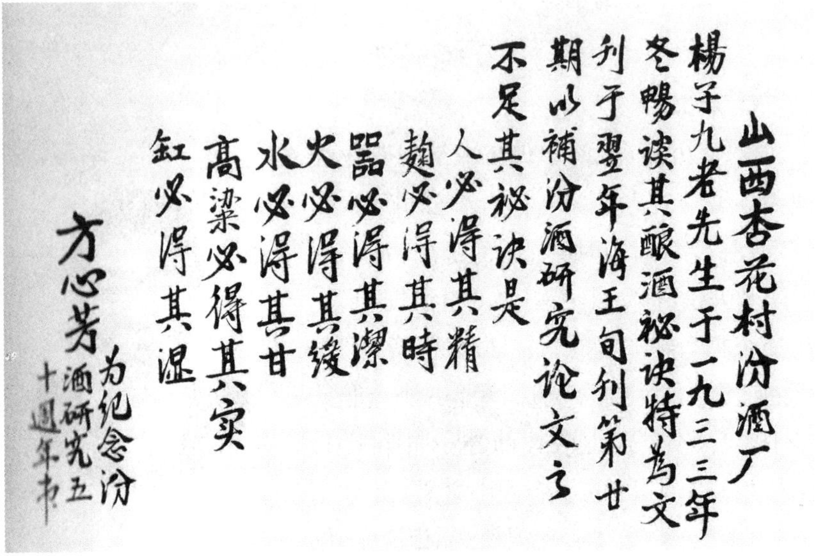

方心芳书写的汾酒秘诀

人必得其精，
曲必得其时，
器必得其洁，
火必得其缓，
水必得其甘，
高粱必得其实，
缸必得其湿。

此语是千年汾酒的酿造秘诀，也是做酒的规则，是杏花村酒界的训言。源于《周礼》的“五齐六必”。《周礼》上记载了酿酒六法，即：“秫稻必齐，曲药必时，湛炽必洁，水泉必香，陶器必良，火齐必得”，此为黄酒酿造法之精华。1932年，著名的微生物和发酵专家方心芳先生，到杏花村汾酒老作坊考察，与汾酒老掌柜杨得龄先生研究，把汾酒酿造的工艺归结为"七大秘诀"，为继承和发扬我国传统名酒做出了杰出的贡献。

斗山天。

◎ 释义

"斗山天"，仅此三字就可以有三种吉祥释语：从字面看，由斗到山再到天，有越来越大的含义囊括其中，象征事业蒸蒸日上兴旺发达；如果换个方向读就是"天山斗"，方言谐音

太谷曹家三多堂多寿院

便是"添三斗"，作为商人起家的大家族，日添三斗充分表达出了主人企盼财源滚滚永无止境的心愿；再换一种解释，将"斗"读作去声时，"斗山天"就不乏吞吐日月之志和战天斗地的豪迈气概了。这是一种寓意深远的文字游戏，饱含了当时富足之家的物质上和精神上的追求。

语出太谷曹家三多堂多寿院的门匾。

人心险于山川，故用人之法，
非实验则无以知其究竟：
远则易欺，远使以观其忠；

日升昌票号

近则易狎，近使以观其敬；
　　烦则难理，烦使以观其能；
　　猝则难办，猝使以观其智；
　　急则易狭，急使以观其信；
　　财则易贪，委财以观其仁；
　　危则易变，告危以观其节；
　　杂处易淫，派往繁华以观色。

语出日升昌票号大掌柜梁怀文。票号以道德信义树立营业之声誉，故遴选职员，培养学徒非常慎重。这是日升昌对工作人员的考察经验。

　　酌盈济虚，抽疲转快；
　　诚信待客，信誉为本；
　　积成厚待，固本防险。

◎ 释义

　要注重资金的灵活调度，提高资金的使用效益；能广泛招揽生意；并且注重风险防范。

语出日升昌票号。

因事用人，绝不因人用事。

◎ 释义

根据事情的种类决定用什么样的人才，绝不能颠倒逆行。

语出日升昌票号。

> 德得而来，从这里讨点行情；
> 兴新不已，回去后取些利润。

语出得新成。得新成是榆次聂店王家开设的字号，是著名的杂货店。聂店王家是榆次最早发迹的大财东之一，素有"聂店王，车辋常"的称谓。得新成原是王家开设在本村的一个店铺，原名"得兴成"。清康熙三十六年(1697年)，在当时的榆次县令王榆善促使下，得兴成由聂店迁往榆次城里，并更名为"得新成"。

得新成商号

> 你的计算非凡，
> 得一步进一步谁知满盘都是错；
> 我却糊涂不过，
> 有几件记几件从来结账总无差。

语出德胜园。德胜园创建于清乾隆初年，相传创办人的祖先是傅山的朋友。德胜园以经营头脑闻名。该店坚持诚信经营,赢得了百年荣誉。

货聚广川吴闽粤,
　财源秦晋楚燕齐。

德胜园商号

语出榆次永生号。

出入经营循天理,
　往来交易合人心。

语出义聚商号。义聚商号全称为"榆次义聚煤油公司",成立于民国八年(1919年),是以宋启英、宋启秀兄弟为代表的榆次大张义村宋氏家族的商号。义聚包销美孚行各种汽油、机油、煤油、石蜡、飞鹰蜡烛、马灯、

义聚商号

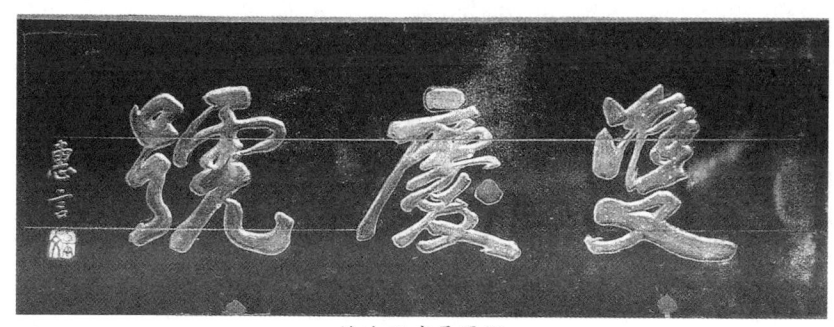

榆次双庆号匾额

洋灯等货物。总号设在榆次，并在太原、阳泉、汾阳、平遥、太谷、介休、洪洞等地设有分号。

经济浅识陶公术，
贸易常怀管鲍心。

◎ 释义

经营要用范蠡、管仲的管理方法。

语出双庆号。双庆号是榆次张庆村药庆云开设的油面店。油面店相当于现代的点心铺，经营的品种有油棍、蛋糕、雪花糕、槽子糕等。由于双庆号坚持微利经营，所以商品供不应求，成为当地发展最快、影响较大的名字号。

温良恭俭让，让中能取利；
仁义礼智信，信内可求财。

◎ 释义

处处与人为善方能盈利，坚持做人的准则才能获得更大的财富。

语出大隆号。大隆号是榆次一家经营糕点的字号，创始于清光绪初年，加工各种糕点和酱类。

> 或取或与，尤赖诗书为事业；
> 以忠以信，全凭仁义作生涯。

◎ 释义

做生意要注重文化和传统道德。

语出锦全昌。锦全昌设在榆次，据太谷县道光二十年（1840年）重修鼓楼的碑文记载，草创最晚也在道光初年，是全国有名的夏布庄，主要经营四川隆昌的夏布，还有苏杭的绸缎。

> 守义以经营，玉积金堆不比浮云富贵；
> 秉公而贸易，货真价实悠然达士风流。

◎ 释义

做生意要遵守道义，经营要货真价实、公平贸易。

语出大盛魁。

榆次万利恒商号

协力同心，贸易中不失和气；
公出正入，权衡上犹带仁风。

◎ 释义

经商中双方不能失和气，货物进出中要公正仁义。

语出万利恒。万利恒是交城段村的马家在榆次开设的钱布庄以借贷、存放、汇兑为主，兼营批发零售彩帛布料业务。与他们开设在太谷的万聚恒、开设在太原的万义恒统称为万字号。

榆次中兴和商号

交以道节以礼,一团和气;
近者悦远者来,四海春风。

◎ 释义

和人交往要一团和气,不管远近来的都是朋友。

语出中兴和。中和兴是榆次史家庄史致庸于清道光初年开办的一个账庄,总部设在张家口。

利以义心乃足,信实自招千里客;
交以道人言睦,公平能取四方财。

◎ 释义

以义制利,诚信经营,千里之外的客人都会慕名而来,以道义交结朋友,公平地做生意才能得到四方财源。

语出榆次公兴顺。

返朴还淳,君子生财有大道;
通机达变,哲人讲易见天心。

◎ 释义

君子取利生财有道,顺应天意公平贸易。

语出榆次天顺长。天顺长是榆次王村郝家的字号,为清代全国著名的茶庄之一,总号设在榆次老城。《汉口山陕会馆志》"关圣殿匾"一栏中有"光绪九年(1883年)季夏,晋榆天顺长、达顺成送匾一块,上书'正大光明'"。在重修山陕会馆时,筹捐白银四千〇三十一两八钱七分,在所有行业捐资数量中占第四位,茶帮中居第二位,仅次于榆次常家的大德玉。天顺长无论在榆次,还是在晋商茶帮中,它都占有很重要的地位。

修合虽无人见,
存心自有天知。

此为广誉远堂训。广誉远前身为广升药店,始于明代嘉靖二十年间(1541年),历史上曾用过"广升远"、"广升誉"、"延龄堂"、"广源兴"等多个字号。1955年公私合营为山西太谷广誉远制药厂,1973年更名山西中药厂,2003年更名为山西广誉远国药有限公司。主要有龟龄集和定坤丹两大产品,龟龄集系中国最早的中药复方升炼剂,距今已有四百余年的悠久历史,是国家中药保护品种,其处方严谨,配料珍奇,炮制工艺精湛,升炼技术沿袭了道家炼丹的神秘和玄妙,故疗效卓越,历享盛誉。定坤丹为传统的独特产品,系清代乾隆年间全国名医的集体创造,为我国宝贵的医药遗产。

炮制虽繁,必不敢减人工;
品味虽贵,必不敢省物力。

语出广誉远。

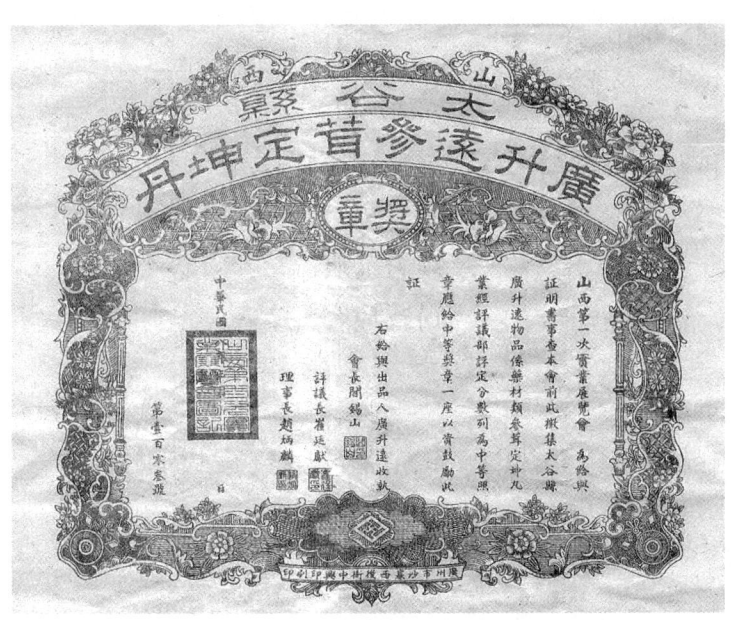

民国时期定坤丹获奖证书

> 贸易岂无廊庙志，
> 权衡须用圣贤心。

◎ 释义

做贸易也要胸怀大志，做生意时要有圣贤的德行。

语出榆次吉泰隆。

> 规矩准绳作事，
> 光明正大为人。

◎ 释义

做事应该规规矩矩，做人应该光明正大。

语出榆次福泉德商号。

> 倾力求质，
> 竭诚应客。

◎ 释义

在产品质量上要保证质量，在服务上要尽最大的诚信。

语出太原天庆诚商号，此商号为益源庆东家开设的商铺。

后记

晋商文化博大精深，晋商家训更是晋商文化中的精髓，也是中国国学文化的重要组成部分。《晋商家训：精编》的编辑出版，可以说是山西晋商书画院全体工作人员集体工作的成果。山西晋商书画院自成立以来就秉承"传承晋商文化，塑造文化晋商"的理念，开展"晋商文化大家谈"系列专题沙龙，编辑出版相关报刊书籍，举办晋商文化大型书画艺术展，并联合相关部门组建晋商文化宣讲团，赴全国各地进行晋商文化宣讲团活动，以更好地挖掘、研究和弘扬晋商精神。

《晋商家训：精编》的内容只是在晋商智慧中提取了部分精华，在编写过程中得到社会各界人士的关注和支持。特别感谢山西省政协原副主席、晋商专家张正明，他多次对书稿进行了指导和校正，并亲自为本书写了序言。山西省工商联副主席、山西民营经济研究会常务副会长兼秘书长郎宝山也多次提出宝贵意见，陈永平、王晋华、杨建亮、梁泽锋、董海龙、燕立民、芦燕等挚友为本书的出版出谋划策，诸多书画艺术家专门创作了书画作品，山西经济出版社司元先生对编校此书付出了大量心血。另外，本书也参阅了部分书籍及相关资料，在此一并感谢。由于编辑水平有限，书中缺点错误在所难免，恳请各位读者不吝赐教。

晋商创造了中华商业史上的奇迹，晋商精神更是中华民族精神中最重要的一部分。"传承晋商精神、再铸晋商辉煌"是我们义不容辞的历史使命。"不听老人言、吃亏在眼前"，让我们一起诵读晋商家训，为振兴中华而努力。

柳永平